SAMMLUNG GÖSCHEN BAND 692

KULTURTECHNISCHE BODENVERBESSERUNGEN

von

DR. h. c. OTTO FAUSER
Regierungsbaudirektor a. D. in Marbach am Neckar

II

BEWÄSSERUNG, ÖDLANDKULTUR, FLURBEREINIGUNG

Fünfte, verbesserte und vermehrte Auflage

Mit 71 Abbildungen

WALTER DE GRUYTER & CO.
vormals G. J. Göschen'sche Verlagshandlung · J. Guttentag, Verlagsbuchhandlung · Georg Reimer · Karl J. Trübner · Veit & Comp.
BERLIN 1961

Die Gesamtdarstellung umfaßt folgende Bände:

Band I: Allgemeines, Entwässerung
(Sammlung Göschen Band 691)

Band II: Bewässerung, Ödlandkultur, Flurbereinigung
(Sammlung Göschen Band 692)

Druck: I/10/13 VEB (K) Stadtdruckerei Trebbin A 717

Inhalt

Zweites Hauptstück. **Die Ödlandkultur**

A. Die Moorkultur

B. Die Heidekultur

Drittes Hauptstück. **Die Flurbereinigung**

Schrifttum

Bemerkung: Im Text ist durch fett gedruckte Zahlen auf die Nummern dieses Verzeichnisses verwiesen. Jahres- und Seitenzahlen sind, durch Punkte getrennt, in gewöhnlichem Druck beigesetzt.

1. Angerer, Nutzung und Wirtschaftlichkeit beim Abwasserreinigungsverfahren durch Landbehandlung. Hannover 1955.
2. Arbeitskreis für Feldberegnung, Mitteilungen des —. Stuttgart-Hohenheim.
3. Baden, Sachgemäße Bewirtschaftung des Hochmoors. Arbeiten des Reichsnährstands Bd. 57. Berlin 1939.
4. Baden, Die Wandlung der in den Emslandmooren obwaltenden gewachsenen Bodenprofile zu den verschiedenen Kulturprofilen. **79.** 1954. 269.
5. Baden, „Deutsche Sandmischkulturen" (Tiefpflugkulturen) nur unter entsprechenden Voraussetzungen. **79.** 1958. 349.
6. Baden und Eggelsmann, Über die Regelung des Wasserhaushaltes bei Moormeliorationen und die dafür notwendigen Vor- und Folgearbeiten. **79.** 1958. 29.
7. Barth, Wahl, Projektierung und Betrieb von Kraftanlagen. Berlin 1914.
8. Bersch, Handbuch der Moorkultur. Wien 1912.
9. Blanck, Handbuch der Bodenlehre. Berlin 1929—1932.
10. Blattny, Grundlagen der künstlichen Bewässerung der Obstbaumanlagen und Obstbaumschulen. **25.** 1931. 18.
11. Brouwer, Abwässerfragen. **20.** 1939. 3.
12. Brouwer, Abwassereinwirkung auf unsere Kulturpflanzen. Forschungsdienst, Organ der deutschen Landwirtschaftswissenschaft. Sonderheft 14. 202. Neudamm und Berlin 1940.
13. Brouwer, Der Wert der Abwasser und der Beregnung in der Landwirtschaft. Mitteilungen des wasserwirtschaftlichen Verbandes für Thüringen e. V. in Weimar. August 1940.
14. Brouwer, Die Feldberegnung, ihre zweckmäßige Anwendung in der Landwirtschaft. Ludwigsburg 1959.
15. Brühne, Die Frage der Vorklärung bei der landwirtschaftlichen Verwertung von Abwässern. **49.** 1942. 59.
16. Brüne, Grundsätze für die Regelung des Wasserhaushalts in landwirtschaftlich genützten Moorböden und ihre technische Durchführung. Die neuzeitliche Moorkultur in Einzeldarstellungen. Heft 2. Berlin 1929.
17. Brüne, Die Kultur der Hochmoore. Die neuzeitliche Moorkultur in Einzeldarstellungen Heft 5. Berlin 1931.
18. Brüne, Heidekultur. Heide in Holstein 1939.

19. Brüne, Praxis der Moor- und Heidekultur. Berlin 1948.
20. Deutsche Landeskultur-Zeitung. Berlin.
21. Deutsche Landwirtschafts-Gesellschaft, Mitteilungen der —. Frankfurt a. M.
22. Deutsche Normen DIN 4047, Fachausdrücke und Begriffserklärungen im landwirtschaftlichen Wasserbau.
23. — — DIN 19650, Bewässerung und Verwendung von Abwasserrückständen, hygienische Richtlinien.
24. Deutsche Wasserwirtschaft. Zeitschrift. Stuttgart.
25. Deutscher Meliorationsverband für Böhmen, Wasserwirtschaftliche Mitteilungen des —. Prag.
26. Fauser, Verhandlungen der 6. Kommission der Internationalen Bodenkundlichen Gesellschaft in Groningen 1932. Teil A und B.
27. Fauser, Verhandlungen der 6. Kommission der Internationalen Bodenkundlichen Gesellschaft in Zürich 1937. Teil A und B.
28. Fauser, Vergleichende Untersuchungen über die Beregnungsbedürftigkeit des Bodens. **27**. B. 200.
29. Fischer, Das Wasser. Leipzig 1914.
30. Fleischer, Die Anlage und Bewirtschaftung von Moorwiesen und Moorweiden. Berlin 1921.
31. Freckmann, Meliorationsmaßnahmen. **9**. Bd. 9. Berlin 1931.
32. Freckmann, Die Kultur der Niederungsmoore. Die neuzeitliche Moorkultur in Einzeldarstellungen Heft 3. Berlin 1930.
33. Friedrich, Kulturtechnischer Wasserbau. Berlin 1923.
34. Frölich, Die Beregnung als Hilfsmittel des Weidebetriebs. Deutsche landwirtschaftliche Tierzucht 1922, Nr. 6.
35. Generalinspektor für Wasser und Energie, Richtlinien für die landwirtschaftliche Verwertung städtischer Abwasser. **20**. 1942. 134.
36. Gerhardt, Landwirtschaftlicher Wasserbau. Handbuch der Ingenieurwissenschaften III. Teil, Bd. 7. Leipzig 1924.
37. Gesundheits-Ingenieur. Zeitschrift. München und Berlin.
38. Gräbner, Handbuch der Heidekultur. Leipzig 1904.
39. Heinemann, Der Wiesenbau im Siegerlande. Berlin 1913.
40. Heß, Fortschritte im Meliorationswesen. Leipzig 1902.
41. Hölscher, Die Kultur der Lehm- und Sandheiden. Neudamm 1934.
42. Janert, Untergrundbewässerung. Die Landeskultur, Wien 1938. Nr. 3/4.
43. Klenk, Nagy und Riede, Künstliche Beregnung von Rebkulturen. Stuttgart 1948.

44. Kohlschütter und Heilmann. Die Verwertung der Abwässer in der Landwirtschaft und in Siedlungen. Berlin-München 1937.
45. Kreuz, Weiträumige landwirtschaftliche Abwasserverwertung durch Kombination von Beregnung und Berieselung. **20.** 1934. 1.
46. Kreuz, Handbuch der landwirtschaftlichen Abwasserverwertung. Hannover 1948.
47. Krüger, Bericht über die Besichtigung von Obstbewässerungsanlagen. Sonderdruck aus der Deutschen Obstbauzeitung 1911. Heft 8.
48. Krüger, Kulturtechnischer Wasserbau. Berlin 1921.
49. Kulturtechniker, Der —. Monatsschrift. Berlin.
50. Kuratorium für Kulturbauwesen, Schriftenreihe des —. Hamburg.
51. Landwirtschaftlicher Wasserbau. Ständige Beilage zu **24.**
52. Lanninger, Beregnungstechnik zur Sicherung der Volksernährung unter besonderer Berücksichtigung der Abwasserverwertung. Frankfurt a. M. 1937.
53. Ludin, Untersuchungen über die Fließwiderstände in Asbestzementrohren. **66.** 32.
54. Meyer, Über einige Zusammenhänge zwischen Klima und Boden in Europa. Inaug.-Dissert. E. T. H. Zürich 1926.
55. Mitteilungen für Moorwirtschaft. Beilage zu **20.**
56. Moorbesiedelung, Die — in Vergangenheit und Zukunft. Berlin 1920.
57. Oehler, Eine Groß-Feldberegnungsanlage für Studienzwecke. **77.** 1927. 259.
58. Oehler, Grundsätzliches über die hydraulische Ausbildung von Feldberegnungsgeräten, insbesondere von Drehstrahlregnern. **64.** 99.
59. Oehler, Die Leitwiderstände von Schnellkupplungsrohren. **65.** 150.
60. Perrot-Bibliothek, Heft 4, Die Frostschutzberegnung. Calw 1957.
61. Press, Schewior-Press, Hilfstafeln zur Bearbeitung von Meliorationsentwürfen. Berlin 1954.
62. Ramann, Bodenkunde. Berlin 1911.
63. Reichskuratorium für Technik in der Landwirtschaft (RKTL), Wasserspenden und Wurfweiten der Drehstrahlregner in Abhängigkeit von Druck und Düsenweite. Berlin 1938.

64. RKTL-Schriften Heft 13, Die Feldberegnung und ihre Bedeutung für Landwirtschaft und Gartenbau. Berlin 1930.
65. RKTL-Schriften Heft 30, Die Feldberegnung, Erste Folge. Berlin 1932.
66. RKTL-Schriften Heft 38, Die Feldberegnung, Zweite Folge. Berlin 1933.
67. Schildknecht, Die Bestimmung der Bewässerungsbedürftigkeit in der Landwirtschaft. **49.** 1932. 133.
68. Schmitt, Bewässerung. Land- und hauswirtschaftlicher Informationsdienst Heft 162. Bad Godesberg 1958.
69. Schroeder, Landwirtschaftlicher Wasserbau. Berlin 1958.
70. Schulz-Falkenhain, Verwertung des Abwassers ländlicher Ortschaften und von Gemeinschaftslagern. Dissertation. Breslau 1943.
71. Seelhorst, Von —, Handbuch der Moorkultur. Berlin 1914.
72. Steuer, Flurbereinigungsgesetz. München und Berlin 1956.
73. Tacke, Mitteilungen über die Arbeiten der Moor-Versuchs-Station in Bremen. 5. Bericht. Berlin 1913.
74. Tacke, Die naturwissenschaftlichen Grundlagen der Moorkultur. Die neuzeitliche Moorkultur in Einzeldarstellungen Heft 1. Berlin 1929.
75. Tacke und Brüne, Jahrbuch der Moorkunde. Hannover.
76. Tancré, Die Urbarmachung, die land- und forstwirtschaftliche Nutzung der Sandheiden. Wilster 1916.
77. Technik in der Landwirtschaft, Die —. Zeitschrift. Berlin.
78. Verein zur Förderung der Moorkultur im Deutschen Reiche, Mitteilungen des —. Berlin.
79. Wasser und Boden, Monatsschrift. Hamburg.
80. Weber, Erfahrungen mit der Feldberegnung in Schlesien. Landwirtschaftliche Jahrbücher Bd. 91, Heft 1. Berlin 1941.
81. Weinspach, Bemessung von Abwassersammelbehältern für Abwasserverregnungsanlagen. **37.** 1940. 320.
82. Werber, Bewässern wir rationell? Leipzig 1916.
83. Werth, Der Gartenbau auf Moorboden. Die neuzeitliche Moorkultur in Einzeldarstellungen Heft 4. Berlin 1931.
84. Weyrauch-Strobel, Hydraulisches Rechnen. Stuttgart 1930.
85. Witte, Klimatologische, pflanzenphysiologische und technische Probleme der Beregnung. **50.** Heft 3. Hamburg 1954.
86. Wolter, Die samländische Rieselfeldgenossenschaft. Inaug. Dissert. Königsberg 1930.

87. Wussow, Die Häufigkeit nasser und dürrer Sommermonate in Norddeutschland. **88.** 142.
88. Zunker, Festschrift zum zehnjährigen Bestehen des Deutschen Ausschusses für Kulturbauwesen. Breslau 1934.
89. Zunker, Landwirtschaftliche Verwertung der Abwässer. **37.** 1936. 373.
90. Zunker, Versteppung und Abwasserverwertung. Erweiterter Sonderabdruck aus **37.** 1941.
91. Zunker, Die Notwendigkeit und Durchführung der Verwertung der organischen Abwässer in der Landwirtschaft. Düsseldorf 1947.
92. Zunker, Grundsätzliches zur landwirtschaftlichen Abwasserverwertung. Berlin 1955.

Erstes Hauptstück

Die Bewässerung

Stück 1. Die Aufgaben der Bewässerung

Die Bewässerung macht sich die Eigenschaft des Wassers zunutze, nicht nur ein wichtiger Pflanzennährstoff, sondern auch ein vorzügliches Lösungs- und Beförderungsmittel für allerlei mineralische und organische Stoffe zu sein (vgl. Teil I, Stück 3 u. 4). Neben der Anfeuchtung sind demgemäß die Düngung und die Bodenreinigung als die Hauptaufgaben der Bewässerung zu nennen. Zu diesen treten als weitere wichtige Aufgaben die Schädlingsbekämpfung und die Bodenerwärmung.

Die anfeuchtende Bewässerung soll den Boden in regenarmer Zeit mit der zu einer gedeihlichen Entwicklung der Pflanzen erforderlichen Wassermenge versehen.

Die düngende Bewässerung hat die Aufgabe, dem Boden mit dem Wasser auch sonstige Pflanzennährstoffe teils in Lösung, teils in mechanischer Beimengung zuzuführen.

Die bodenreinigende Bewässerung soll die im Boden befindlichen pflanzenschädlichen Stoffe auflösen und auswaschen. Sie wird verwendet, um den Boden von einem allzugroßen Gehalt an Humussäure, Kochsalz und Soda zu befreien.

Als bodenreinigend kann auch die Anwendung der Bewässerung zur Vertilgung von allerlei im Boden sich aufhaltenden tierischen Schädlingen, wie Mäusen, Engerlingen, Reblaus (Südfrankreich) bezeichnet werden.

Die erwärmende Bewässerung dient der Förderung des Pflanzenwuchses durch Aufleiten von warmem Quellwasser, Bachwasser oder städtischem und gewerblichem Abwasser. Mit ihr kann unter günstigen klimatischen Verhältnissen sogar im Winter ein Pflanzenertrag erzielt werden (oberitalienische Winterwiesen). Da jedoch durch die Verdunstung eines Teils des zugeleiteten Wassers wieder große

Wärmemengen gebunden werden, kann in Deutschland mit Ausnahme des zeitigen Frühjahrs oder der Verwendung warmen städtischen und gewerblichen Abwassers kein nennenswerter Wärmegewinn für den Pflanzenwuchs durch Bewässerung erzielt werden.

Als erwärmende Bewässerung kann in übertragenem Sinne auch die Frostschutzberegnung bezeichnet werden, bei der die beim Gefrieren des Wassers frei werdende Erstarrungswärme dazu benützt wird, die Pflanzen vor dem Erfrieren zu bewahren.

Stück 2. Das Bewässerungswasser

Zur anfeuchtenden, zur bodenreinigenden und zur erwärmenden Bewässerung läßt sich jedes Wasser verwenden, das keine Stoffe enthält, die entweder für den Boden oder für die Pflanzen schädlich sind. Solche Stoffe sind das Kochsalz und die übrigen Chloride, das Zinksulfat und freie Schwefel- und Salzsäure, die sämtlich auslaugend auf den Boden wirken; ferner die Humussäuren und die Eisenverbindungen, die beide bindigere Böden leicht in Einzelkornstruktur überführen und sie dadurch verkrusten; endlich das Chlorbarium, die Nickel- und Kobaltsalze, die arsenige und die Karbolsäure, sowie andere freie Säuren und das Rhodanammonium, die durchweg starke Gifte für die Pflanzen sind. Näheres hierüber siehe **15**.

Für die düngende Bewässerung ist ein möglichst hoher Gehalt des Wassers an Pflanzennährstoffen von Wichtigkeit. Schon ganz klares Wasser enthält vielfach bedeutende Mengen gelöster Pflanzennährstoffe. In erster Linie kommen jedoch für die düngende Bewässerung die schon äußerlich an einer Trübung des Wassers kenntlichen Schwebestoffe in Frage, wie sie sich in den Hochwassern der Flüsse und Bäche, in den Abwassern gewisser gewerblicher Betriebe und in den städtischen Abwassern darbieten. Die Schwebestoffe können nicht unmittelbar von den Pflanzen aufgenommen werden, wie dies bei den gelösten Nährstoffen meist der Fall ist. Sie werden vielmehr beim Einsickern des Wassers in den Boden von diesem festgehalten, dort, soweit sie organischer Natur sind, bei genügendem Luftzutritt durch Oxydation und bakterielle Tätigkeit in eine für die Pflanzen aufnehmbare Form übergeführt und bilden so eine wichtige Bereicherung des Nährstoffvorrats des Bodens.

Die Güte und die Verwendbarkeit eines Wassers zu Bewässerungszwecken läßt sich am besten nach der geognostischen Beschaffenheit und dem Kulturzustand seines Einzugsgebiets, sowie nach den in ihm vorkommenden Tieren und Pflanzen beurteilen. Ein Wasser, das aus sedimentären, insbesondere aus Mergelschichten stammt und das Gelegenheit hat, beim Lauf über reich gedüngte Felder oder durch Ortschaften wertvolle Pflanzennährstoffe in sich aufzunehmen, wird sich stets gut für die Bewässerung eignen. Gutes Wasser ist ferner an dem Vorkommen von Fischen und Fröschen sowie von Wasserfäden, Wasserlinsen, Brunnenkresse, Wasserehrenpreis, Laichkraut, Wassersüßgras und Mannagras zu erkennen, schlechtes, saures Wasser dagegen an dem häufigen Auftreten von Binsen, Simsen, Riedgräsern, Wasserminze und Wasserschierling.

Eisen- und humussäurehaltiges Wasser kann durch Kalkzusatz, Stehenlassen in flachen Teichen und längeres Überleiten in dünner Schicht über Kies, Reisig und kleine Überfälle zum Absetzen und zur Oxydation der schädlichen Stoffe veranlaßt und dadurch für die Bewässerung brauchbbar gemacht werden.

Von den gewerblichen Abwassern sind namentlich die Abwasser der Zuckerfabriken, Stärkefabriken, Brennereien, Brauereien, Mälzereien, Molkereien, Schlachthäuser, Hanf- und Flachsrösten sehr reich an Pflanzennährstoffen. Die Abwasser von Schlachthäusern werden jedoch wegen der von ihnen häufig mitgeführten Milzbrandsporen zur Wiesenbewässerung besser nicht verwendet. Ferner stößt die Verwendung des Abwassers von Stärke- und Zuckerfabriken zur Bewässerung auf große Bedenken, weil es bedeutende Mengen keimfähiger Unkrautsamen enthält. Die gewerblichen Abwasser bedürfen oft der Verdünnung mit Klarwasser oder des Zusatzes von Chemikalien, um für die landwirtschaftliche Verwertung brauchbar zu werden. Die Abwasser von Berg-

und Hüttenwerken, Salinen, Kalifabriken, Drahtziehereien, Beizereien, Verzinkereien, Gerbereien, Wollwäschereien, Waschanstalten, Fischmehl-, Gas-, Kunstseide-, Zellstoff- und Papierfabriken sind für die Bewässerung ungeeignet. Abwasser von einzeln liegenden Lungenheilstätten und Tierkörperverwertungsanstalten dürfen wegen der Ansteckungsgefahr für Menschen und Tiere nicht zum Bewässern landwirtschaftlicher Grundstücke benützt werden.

Die städtischen Abwasser sowie die Abwasser größerer Krankenanstalten, Kasernen und Gemeinschaftslager sind besonders dann reich an Pflanzennährstoffen, wenn ihnen auch die Spülabortabwasser zugeleitet werden. Ihr Gehalt an Pflanzennährstoffen ist je nach dem Wasserverbrauch der Bevölkerung und der Zeit sehr verschieden. Im Durchschnitt kann angenommen werden, daß bei einem Wasserverbrauch von 100 l je Kopf und Tag in 1 cbm mit Abortabgängen vermischten städtischen Abwassers 80 g Stickstoff, 20 g Phosphorsäure, 60 g Kali und 150 g Kalk enthalten sind. Doch scheint ein erheblicher Teil dieser Nährstoffe bei der landwirtschaftlichen Verwertung des Abwassers den Pflanzen infolge Verdunstung oder Versickerung in den Untergrund nicht zugute zu kommen. Das städtische Abwasser wird vor seiner Verwendung zur Bewässerung durch Rechen und Sandfänge von groben Schwimm- und Sinkstoffen befreit. Die Frage, ob eine weitergehende mechanische Vorreinigung stattfinden soll, muß im Einzelfalle nach der Beschaffenheit des Abwassers und den örtlichen Verhältnissen entschieden werden (Näheres s. **15**). Wo eine mechanische Sammelkläranlage bereits vorhanden ist, wird es sich immer empfehlen, in ihr die gröberen Schwebestoffe sowie die Öle und Fette zurückzuhalten, das beim Ausfaulen des Schlamms entstehende, hauptsächlich aus Methan bestehende Gas zu sammeln und es u. a. zum Antrieb der Bewässerungspumpen zu verwenden. Falls in den städtischen Abwassern pflanzenschädliche gewerbliche Abwasser in größeren Mengen enthalten sind, ist für entsprechende Vorbehandlung am Entstehungsort zu sorgen. Auch ist das Abwasser von Tuberkulose-Stationen gesondert abzufangen und laufend zu desinfizieren.

Das Abwasser ist stets in dem Zustand, in dem es landwirtschaftlich verwertet werden soll, auf seinen Nährstoffgehalt sowie auf pflanzenschädliche Stoffe zu untersuchen.

Stück 3. **Die Wasserbeschaffung**

Zur Beschaffung des für die Bewässerung erforderlichen Wassers können sowohl die oberirdischen Gewässer als auch das Grundwasser in Frage kommen. Die Entnahme aus den oberirdischen Gewässern, die sich uns in der Form von Quellen, Bächen, Flüssen, Teichen und Seen darbieten, ist, weil meist am einfachsten zu bewerkstelligen, am nächstliegenden. Allein in Gebieten mit einer hochentwickelten Wasser- und Bodennutzung ist meist schon längst über den letzten Tropfen oberirdischen Wassers verfügt, sei es, daß es gewerblich ausgenützt, sei es, daß es von alten Wässerungsrechten in Anspruch genommen wird. Man wird daher vielfach genötigt sein, den Wasserbedarf für eine neue Anlage aus dem Grundwasser zu decken, indem man entweder einen nahe der Bodenoberfläche vorhandenen Grundwasserstrom durch Schlitz-, Sicker- oder Drängräben anzapft oder in größerer Tiefe vorhandenes Grundwasser mittels Brunnen faßt, wobei es unter günstigen geologischen Verhältnissen durch artesischen Druck bis an und sogar über die Bodenoberfläche getrieben werden kann. Ebenso jedoch wie Teiche und Seen sich nur dann für die Wasserentnahme eignen, wenn ihr natürlicher Zufluß zum Ersatz der entnommenen Wassermenge ausreicht, muß man sich auch vor Einrichtung einer Entnahme aus dem Grundwasser davon überzeugen, ob es den erforderlichen Zufluß besitzt, da sonst eine schädliche Absenkung des Grundwasserspiegels und am Ende gar eine vollständige Erschöpfung des Grundwasserspeichers eintreten kann.

Überall dort, wo entweder die in der Zeiteinheit zur Verfügung stehende Wassermenge zur unmittelbaren Bewässerung überhaupt nicht ausreicht oder der Wasserzufluß sehr schwankend und gerade in der Bewässerungszeit gering ist, kann das für die Bewässerung erforderliche Wasser in Sammelbecken aufgespeichert werden. Diese können bei kleinen Anlagen ganz bescheidene Abmessungen (Abb. 55 S. 82) erhalten, können aber auch ansteigen zu dem riesenhaften Umfang einer Boulder-Talsperre im Koloradofluß in Nordamerika, die einen Wasserspeicher von 178 m größter Tiefe, 182 km Länge, bis zu 13 km Breite und 37,6 Milliarden Kubikmetern Fassungsvermögen bildet und neben anderen Zwecken dazu bestimmt ist, einem Trockengebiet von 846 000 ha das zur Bewässerung nötige Wasser zu liefern.

Abb. 1.

Das Wasser kann dem Bewässerungsgebiet entweder mit natürlichem Gefälle oder durch künstliche Hebung zugeleitet werden. Die staulose Abzweigung aus dem anzuzapfenden Gewässer wird nur in den seltensten Fällen und nur dort möglich sein, wo oberhalb des Bewässerungsgebiets ein bedeutendes natürliches Gefälle zur Verfügung steht. In der Regel wird das Wasser an der Entnahmestelle künstlich aufgestaut werden müssen. Dies geschieht durch Wehre (Abb. 1), die ganz nach den für Wassertriebwerke geltenden Grundsätzen gebaut werden und über die deshalb auf Band 665 u. 965 dieser Sammlung zu verweisen ist. Vielfach wird es möglich sein, bestehende Stauanlagen zur Bewässerung mitzubenützen und dadurch die Erstellung eigener, die Unternehmen stets schwer belastender Wehre zu vermeiden.

Ergeben sich trotz künstlichen Aufstaues unwirtschaftlich lange Zuleitungskanäle oder würde durch die Ausführung einer Stauanlage ein schädlicher Rückstau hervorgerufen oder liegt endlich der Spiegel des Wasserspenders überhaupt zu niedrig, um eine Wasserzuleitung mit natürlichem Gefälle herzustellen, so bleibt nur die mechanische Wasserhebung übrig. Diese kann durch Schöpfräder, Becherwerke oder Pumpen bewirkt werden. Die ersten beiden Arten von Wasserhebemaschinen kommen nur für kleinere Wassermengen in Betracht, und zwar finden in Deutschland nur die Schöpfräder Anwendung. Diese sind gewöhnliche unterschlächtige Wasserräder, welche entweder am Radkranz oder in Verbindung mit den Radschaufeln mit Schöpfgefäßen versehen sind, die sich bei der durch den Stoß des fließenden Gewässers betätigten Umdrehung des Rades von selbst mit Wasser füllen, dieses heben und es, in der Scheitelstellung angelangt, in seitlich angebrachte Rinnen abfließen lassen (Abb. 2). Ihre Ausführung ist jedoch nur bis zu einer Hubhöhe von 6 m zweckmäßig, da sie sonst zu große Abmessungen erhalten müßten.

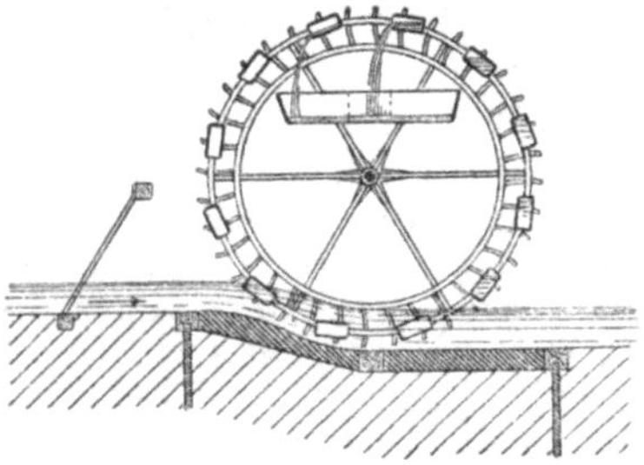

Abb. 2.

Für größere Wassermengen und Förderhöhen kommen Pumpen, und zwar wegen ihrer Einfachheit, ihrer Betriebssicherheit, ihres kleinen Raumverbrauchs und ihres geringen Gewichts in erster Linie Schleuderpumpen in Betracht. Gewöhnliche Schleuderpumpen reichen bis zu etwa 20 m Förderhöhe, bei größeren Förderhöhen müssen Hochdruckschleuderpumpen verwendet werden. Die Pumpen werden ortsfest, fahrbar, tragbar oder schwimmend angeordnet. Die Welle der Schleuderpumpen soll nicht höher als 4—5 m über dem Saugwasserspiegel liegen.

Zum Antrieb der Pumpen kommen Dampfmaschinen, Verbrennungskraftmaschinen, Elektromotoren, Wind- und Wassermotoren in Frage. Für die Auswahl der zweckmäßigsten Betriebskraft sind im einzelnen Falle vergleichende Berechnungen über die Wirtschaftlichkeit der in Betracht kommenden Kraftmaschinen unter sorgfältiger Abwägung aller besonderen örtlichen Verhältnisse entscheidend. Näheres s. 7. Allgemein ist folgendes zu sagen. Dampfmaschinen sind besonders bei größerem Kraftbedarf geeignet. Sie verbinden mit Betriebssicherheit den Vorzug der Überlastbarkeit. Von den Verbrennungskraftmaschinen zeichnet sich der Dieselmotor durch niedrige Betriebskosten aus, auch stellt er keine allzuhohen Ansprüche an Bedienung und Wartung. Gasmotoren sind dort das Gegebene, wo bei der Vorreinigung städtischer Abwasser Faulgas gewonnen wird. Elektromotoren haben, wie übrigens auch die meisten Verbrennungskraftmaschinen, den Vorzug hoher Umlaufzahl und können deshalb mit den Pumpen unmittelbar gekuppelt werden. Während jedoch die Verbrennungskraftmaschinen sich rasch abnützen und im allgemeinen ständiger Wartung bedürfen, erfordern die Elektromotoren fast keine Ausbesserungen und so gut wie keine Bedienung und sind daher bei mäßigen Anschlußkosten an das Stromnetz insbesondere dann zu empfehlen, wenn sie mit verbilligtem Sommer- und Nachtstrom betrieben werden können. Windmotoren sind nur in Gegenden mit günstigen Windverhältnissen (vgl. Teil I, S. 67) verwendbar. Sie genügen aber auch dort nur für kleine Anlagen und sollten wegen der durch die Unstetigkeit der Windkraft bedingten Betriebsunsicherheit nur dann verwendet werden, wenn ein genügend großes Sammelbecken angelegt wird. Zur Ausnützung der Wasserkraft kleiner Gefällstufen in Flüssen und Bächen für die Wasserhebung zu Bewässerungszwecken ist auch schon der Hydropulsor mit Erfolg verwendet worden, eine als Stoßheber wirkende Wasserkraftmaschine, die Pumpe und Wasserkraftantrieb in sich vereinigt (vgl. **49.** 1920. 117).

Für die Berechnung der zur Wasserförderung an der Pumpenwelle nötigen Betriebskraft dient die Formel

$$(1) \qquad K = \frac{Q \cdot H}{75 \cdot \eta}.$$

Hierin bedeutet K die Betriebskraft in Pferdestärken, Q die zu fördernde Wassermenge in Sekundenlitern, H die Förderhöhe in Metern und η den Gesamtwirkungsgrad von Pumpe und Motor. Die Förderhöhe setzt sich aus dem Höhenunterschied zwischen dem Wasserspiegel an der Entnahmestelle und der höchsten Erhebung des Bewässerungsgebiets und aus dem in der durchflossenen Leitungsstrecke entstehenden Druckverlust zusammen, wozu bei Beregnungsanlagen noch der am Regner erforderliche Betriebsdruck kommt. Näheres s. **63** und **64.** 112. Der Wirkungsgrad der Pumpen erhöht sich im allgemeinen mit deren Größe. Er schwankt bei Schleuderpumpen zwischen 0,5 und 0,7. Die erforderliche Motorleistung ist bei unmittelbarer Kupplung von Pumpe und Motor etwa 10%, bei Riemenantrieb etwa 20—25% höher anzunehmen als der Kraftbedarf an der Pumpenwelle.

Die bei der Wasserbeschaffung für neu zu errichtende Bewässerungsanlagen sich ergebenden Rechtsfragen sind in der Bundesrepublik Deutschland durch das Gesetz zur Ordnung des Wasserhaushalts (Wasserhaushaltsgesetz) vom 27. Juli 1957 und durch die auf ihm aufbauenden Wassergesetze der einzelnen Länder geregelt.

Stück 4. **Die Einrichtungen zur Zuleitung, Verteilung und Ableitung des Wassers**

1. Offene Gräben

Die Hauptzuleiter sind so anzulegen, daß sie das ganze zu bewässernde Gebiet beherrschen. Um Sickerverluste tunlichst zu vermeiden, sind sie mit dem Wasserquerschnitt womöglich in den gewachsenen Boden einzuschneiden. In der Auffüllung sowie in durchlässigen Bodenarten sind sie an

Sohle und Böschungen zu dichten, und zwar hat dies um so sorgfältiger zu geschehen, je knapper und teurer das zur Verfügung stehende Wasser ist. Zum Dichten kann man ton- und schlickreiches Wasser in die Gräben einleiten oder einen 5 cm starken Lettenschlag oder eine Betonschicht auf den benetzten Grabenumfang aufbringen. Um den Lettenschlag vor zu starkem Austrocknen und damit vor dem Rissig- und Undichtwerden zu schützen, ist er mit einer Rasenschicht zu überdecken. Betonauskleidungen werden am besten aus fertigen, etwa 25/40/6 cm großen Zementplatten hergestellt, die gut durchfeuchtet in frisch eingebrachten Beton verlegt werden. Um Rißbildungen zu verhindern, werden alle 8—10 m Fugen offen gelassen und später mit Kaltasphalt ausgegossen. Sehr gut bewährt haben sich auch Decken aus Asphaltsplitt, die fugenlos auf den Beton aufgebracht werden. Das Gefälle der Hauptzuleiter ist so zu wählen, daß weder die vom Wasser mitgeführten Schwebestoffe sich ablagern (Wassergeschwindigkeit größer als 0,2 m, um das Absetzen von Schlamm, und größer als 0,35 m, um das Absetzen von Sand zu verhindern), noch der Durchflußquerschnitt angegriffen wird (vgl. Teil I, S. 72). Können größere Wassergeschwindigkeiten nicht umgangen werden, so sind die betreffenden Strecken zu befestigen oder durch Abstürze in einzelne Abschnitte von geringerem Gefälle zu unterteilen.

Die Verteilgräben haben die Aufgabe, den einzelnen Unterabteilungen des Bewässerungsgebiets das Wasser zuzuführen. Sie werden so angelegt, daß sie die von ihnen zu versorgende Abteilung beherrschen. Sie folgen zu diesem Zwecke den höchsten Stellen der Abteilung. Ihr Wasserspiegel ist hierbei durch Aufdammen der Grabenborde stets etwa 0,1 m höher zu halten als die anstoßende Wässerfläche. Bei durchlässigem Boden und dort, wo das Wasser schwierig zu beschaffen und teuer ist, kann es auch notwendig werden, die Verteilgräben aus Holz, halben Betonrohren oder Beton (Abb. 3) herzustellen. Bei Abwasserverwertungsanlagen ohne weitergehende mechanische Vorreinigung sind die Verteilgräben ebenso wie die offenen Hauptzuleiter grundsätzlich bis in Wasserspiegelhöhe mit Beton oder ähnlichem glattem

Baustoff auszukleiden, um der Ablagerung von faulendem Schlamm und damit der Entstehung von Geruchsbelästigungen tunlichst entgegenzuwirken.

Die Rieselrinnen haben die Einzelverteilung des Wassers auf der Bewässerungsfläche zu besorgen. Sie verlaufen annähernd waagrecht und werden mit rechteckigem Querschnitt von 25/25—10/10 cm so hergestellt, daß das Wasser in allen Teilen gleichmäßig über die Überschlagkanten tritt. Um dies zu erreichen, wird bei ihrer Herstellung und ebenso bei ihrer Instandsetzung vor der Bewässerung das Wasser in sie eingelassen; sodann werden die Überschlagkanten nach

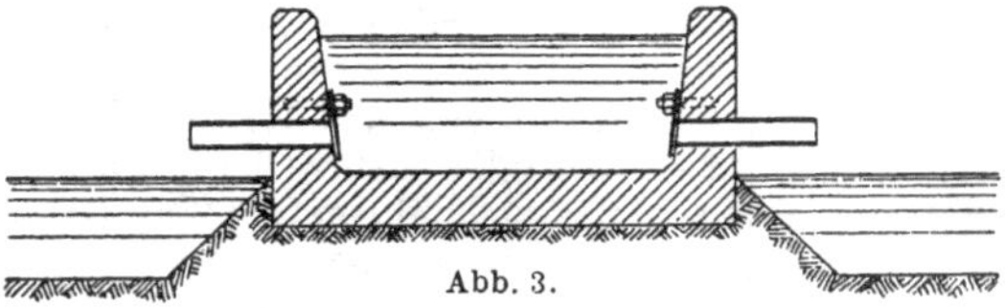

Abb. 3.

ihm abgeglichen, d. h. höhere Stellen mit scharfem Spaten abgeköpft und tiefere aufgeholt. Die Überschlagkanten der Rieselrinnen erhalten dadurch von selbst ein Gefälle von ½—1‰. Zum Ziehen neuer wie auch zum Öffnen bestehender Rieselrinnen hat sich der Rieselrinnenpflug von Gebrüder Eberhardt in Ulm bewährt. Über ein praktisches Gerät zur Herstellung der Rieselrinnen von Hand, die sog. Zastrow-Schaufel, s. **49**. 1919. 208.

Damit die bewässerten Flächen nach der Bewässerung rasch und gründlich abtrocknen, sind in schwereren Bodenarten besondere Entwässerungsgräben und -rinnen erforderlich. Diese werden naturgemäß in die tiefsten Stellen der Bewässerungsflächen gelegt.

Für die Führung offener Gräben im Bewässerungsgebiet gelten die folgenden allgemeinen Grundsätze. Durch die Zuleitungs-, Verteilungs- und Entwässerungsgräben soll die Bestellung der Grundstücke, insbesondere die Maschinenarbeit, möglichst wenig gestört werden. Sie sind daher, soweit tunlich, auf die Grundstücksgrenzen zu legen. Durchschneidungen von Grundstücken sind nach Möglichkeit zu vermeiden. Lassen sie sich nicht umgehen, so sind die Grundstücksteile durch Überfahrten zu verbinden. Auch können Entwässerungsgräben und kleine Verteilgräben muldenförmig mit drei- und mehrfachen Böschungen angelegt werden, um die Nachteile der Durchschneidung von Grundstücken abzuschwächen. Bei stark zerplittertem und im Gemenge liegendem Grundbesitz wird durch die gleichzeitige Ausführung einer Flurbereinigung (vgl. das dritte Hauptstück) die zweckmäßige Herstellung einer Bewässerungsanlage sehr erleichtert.

Die Berechnung der offenen Gräben erfolgt mit den auf S. 71 und 72 des Teiles I gegebenen Formeln unter Zugrundelegung der in den einzelnen Grabenstrecken vorhandenen Höchstwassermengen und Wasserspiegelfälle. Sie wird durch die dort erwähnten Hilfsmittel sehr vereinfacht. Ist in den Hauptzuleitern ein üppiger Pflanzenwuchs zu erwarten, so kann es unter Umständen angezeigt sein, ihnen von vornherein einen größeren als den rechnungsmäßigen Querschnitt zu geben.

2. Geschlossene Leitungen

Geschlossene Leitungen werden für die Hauptzuleiter manchmal dort nötig, wo es nicht angeht, unbeteiligte Grundstücke mit offenen Gräben zu durchschneiden. Ferner sind, um Geruchsbelästigungen zu vermeiden, die Hauptzuleiter von Abwasserverwertungsanlagen innerhalb von Siedlungen und längs der öffentlichen Verkehrswege als geschlossene Leitungen auszuführen. Die geschlossenen Leitungen werden bei großen Anlagen am besten begehbar hergestellt. Andernfalls sind sie an allen Richtungsbruchpunkten und außerdem in den geraden Strecken in Abständen von 50—80 m mit Besichtigungsschächten auszustatten. Sie werden mittels der auf S. 71 und 72 des Teiles I enthaltenen Formeln (8), (9) und (11) berechnet, wobei für Kanäle aus sorgfältig hergestelltem Backsteinmauerwerk oder mit Zementglattstrich in Formel (11) die Rauhigkeitszahl

(2) $$m = 0{,}25$$

zu wählen ist. Tafeln zur Berechnung geschlossener Rohrleitungen sind in 84. 126ff. enthalten.

3. Druckrohrleitungen

Druckrohrleitungen werden entweder nur zur Wasserhebung oder zugleich auch zur Wasserverteilung verwendet. Im ersteren Falle münden sie in kleine gemauerte Becken, von denen aus das Wasser in offenen Gräben mit natürlichem Gefälle auf der Bewässerungsfläche verteilt wird. Soll das Wasser zum Zwecke der Beregnung gleichzeitig auf der Bewässerungsfläche unter Druck verteilt werden, so werden von der in der Regel unterirdisch verlegten Stammleitung aus bewegliche oberirdische oder ortsfeste unterirdische Seitenleitungen abgezweigt. Zu den unterirdischen Druckleitungen werden Rohre aus Gußeisen, Stahl, Schleuderbeton mit und ohne Eiseneinlagen oder aus Asbestzement verwendet. Bei gewelltem Gelände sind an den tiefsten Punkten Entleerungsleitungen, an den höchsten Entlüftungsvorrichtungen anzuordnen. Ferner werden in große Rohrnetze zum Ausgleich von Druckschwankungen an geeigneten Stellen Standrohre mit Überlauf eingebaut.

Zur Berechnung des in den ortsfesten Rohrleitungen entstehenden Druckverlusts dient die Formel

(3) $$h = \lambda \cdot \frac{l}{d} \cdot \frac{v^2}{2g},$$

worin h den Druckverlust, l die Länge der Rohrleitung, d ihren Durchmesser, je in Metern, v die Wassergeschwindigkeit in Metern je Sekunde, $g = 9{,}81$ die Schwerebeschleunigung und λ einen Rauhigkeitswert bedeutet. Dieser ist nach Lang für Wassergeschwindigkeiten über 0,7 m

(4) $$\lambda = a + \frac{0{,}0018}{\sqrt{v\,d}},$$

wobei a für neue, sehr glatte Rohre 0,01—0,012, für Rohre mit dünner Ansatzschicht etwa 0,019 und für stark verkrustete Leitungen über 0,059 beträgt.

Für neue Asbestzementrohre hat Ludin den Druckverlust zu

$$h = l \cdot \left(\frac{v}{124\left(\frac{d}{4}\right)^{0,65}} \right)^{\frac{1}{0,54}} \tag{5}$$

bestimmt. Die hieraus berechneten Werte von h sind mit Rücksicht auf die zu erwartende Ansatzschicht um etwa 10% zu vergrößern.

Über die Leitwiderstände von Schnellkupplungsrohren und den zugehörigenFormstücken hat Oehler grundlegende Versuche angestellt. Näheres s. 59. Über die Berechnung von Ringleitungen s. 70. 43.

Die zur Wasserförderung erforderliche Maschinenkraft nimmt unter sonst gleichen Verhältnissen mit abnehmender Lichtweite der Rohrleitung sehr rasch zu. Hieraus ergibt sich ohne weiteres, daß man sich vor der Wahl zu enger Rohre zu hüten hat, um die Betriebskosten nicht unnötig zu steigern. Da aber andererseits mit zunehmender Rohrweite die Anlagekosten wachsen, so hat man in jedem Falle diejenige Rohrweite zu ermitteln, bei welcher die Summe der jährlich für Verzinsung, Abschreibung und Unterhaltung der Anlage erforderlichen festen Kosten und der für Arbeitslöhne und Maschinenkrafterzeugung entstehenden Betriebskosten zum Mindestwert wird. Näheres über die Durchführung solcher Berechnungen s. 49. 1909. 205ff.

4. **Bauwerke, Stau- und Verteilungsvorrichtungen**

Bei der Zuleitung des Wassers mit natürlichem Gefälle sind an der Abzweigung des Hauptzuleiters von dem anzuzapfenden Gewässer besondere Entnahmebauwerke zu erstellen. Diese sind mit Schützen verschließbar zu machen und, wenn sie bei Stauanlagen liegen, womöglich mit einem nach dem Unterwasser spülbaren Sandfang (Abb. 4) zu versehen. Vor dem Einlauf ist, um Fische und grobe Schwimmstoffe abzuhalten, ein eiserner Rechen von höchstens 20 mm Stablichtweite anzuordnen.

Zur Überquerung von natürlichen Wasserläufen oder von Talmulden sind Wasserbrücken oder Düker erforderlich. Die Wasserbrücken haben trogförmigen Querschnitt. Sie werden dort verwendet, wo über dem Spiegel des zu überquerenden Wasserlaufs die erforderliche Bauhöhe zur Verfügung steht. Eiserne Wasserbrücken erfordern die geringste Bauhöhe. Sie können unter Umständen beweglich und über Hochwasser aufziehbar gemacht werden (Abb. 5).

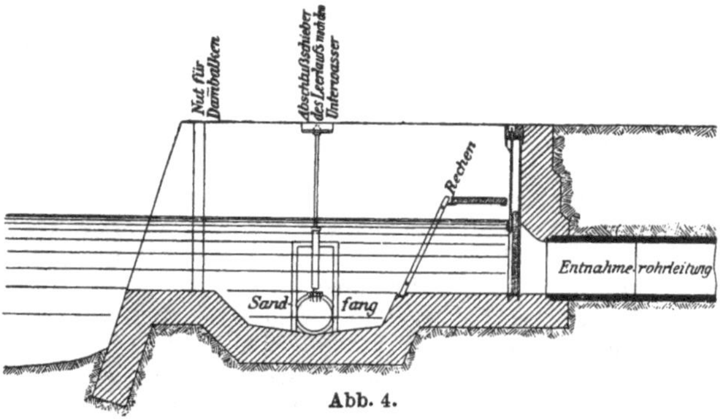

Abb. 4.

Über kleinere Wasserläufe und Geländeeinschnitte wird das Bewässerungswasser in Kähnern oder Kändeln übergeleitet, Gerinnen aus Holz, Eisen, Beton oder Stahlbeton mit rechteckigem, ausnahmsweise auch halbkreisförmigem Querschnitt, die auf Endstützen und nach Bedarf auf Zwischenstützen ruhen. Sie sind ebenso wie die Wasserbrücken an den Enden sorgfältig an die Zu- und Abläufe anzuschließen, um Wasserverluste zu vermeiden.

Düker (Abb. 14, Teil I, S. 65) sind dort angezeigt, wo der Spiegel des zu kreuzenden Wasserlaufs annähernd in gleicher Höhe mit dem Zuleiter liegt. Sie werden am Einlauf zweckmäßig mit einem Schlammschacht versehen, um Sinkstoffe aus ihnen fernzuhalten.

Abb. 5.

Die in den Hauptzuleiter einzubauenden Stauvorrichtungen und ebenso die Einlaßschleusen der Nebenzuleiter werden um der größeren Dauerhaftigkeit willen am besten aus Beton hergestellt. Bei kleineren Schleusen empfiehlt es sich, besondere Betonformsteine (Abb. 6 und 7) zu verwenden, die sich bei Massenanfertigung wesentlich billiger herstellen und mit erheblich geringerem Zeitaufwand versetzen lassen, als wenn jede Schleuse besonders eingeschalt wird. Die Bretter der Schützentafeln sind, um Wasserverlusten vorzubeugen, mit Nut und Feder zu verbinden. Besonders dort, wo schlickreiches Wasser zur düngenden Bewässerung verwendet wird,

Abb. 6.

ist an den Schleusen jegliche Querschnittserweiterung zu vermeiden, weil mit einer solchen stets eine Verminderung der Wassergeschwindigkeit und unerwünschte Schlammablagerungen verbunden sind.

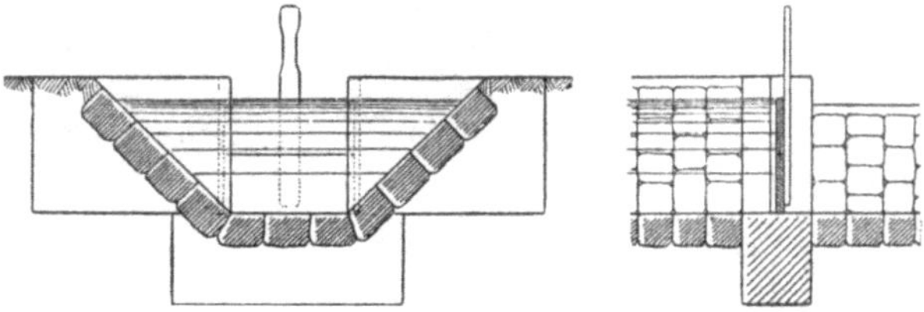

Abb. 7.

Mit den Schleusen der Zuleiter werden zweckmäßig etwa erforderliche Überfahrtsdolen verbunden. Bei größeren Bauwerken hat sich zur Herstellung dauerhafter, mit geringstem Verbrauch an Bauhöhe verbundener Fahrbahntafeln der Eisenbeton als ein sehr bequemer Baustoff bewährt. Bei kleineren Wassermengen werden zu solchen Überfahrtsdolen Betonrohre verwendet (Abb. 8).

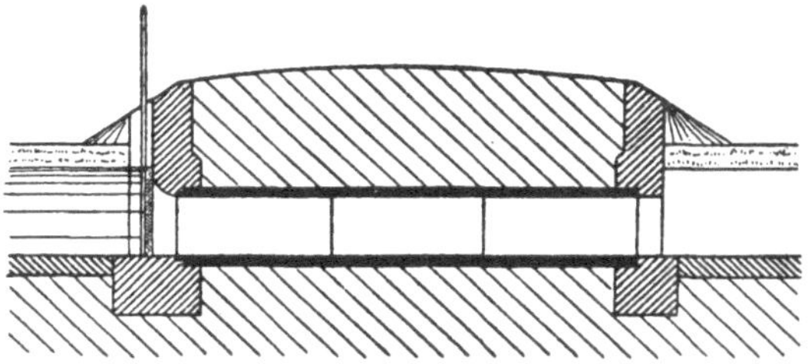

Abb. 8.

Ebenso werden bei kleineren Wassermengen die Einlaßschleusen für die Nebenzuleiter aus Betonrohren hergestellt. Diese erhalten alsdann ein nach der Grabenböschung abgeschrägtes Einlaufformstück aus Beton (Abb. 6 und 9), das mit einem Holz- oder Blechschieber abgeschlossen werden kann. Durch Anbringen eines kleinen Winkelchens am unteren Ende des Schiebers kann dieser vor unbefugtem Herausziehen und damit vor dem Verlorengehen bewahrt werden. Die Abzweigrohre samt Schleusenköpfen sind sorgfältig einzubauen und mit Ton tüchtig anzustampfen, um ein Umspülen und daraus entstehende Wasserverluste zu vermeiden. Bei größeren Druckhöhen ist es unter Umständen empfehlenswert, zur Verhütung von Auskolkungen am Auslauf der Einlaßrohre Betonrohrstücke senkrecht in den Boden einzustellen und an der Sohle auszubetonieren (Abb. 9), um in ihnen die Gewalt des aus dem Einlaßrohr austretenden Wassers zu brechen.

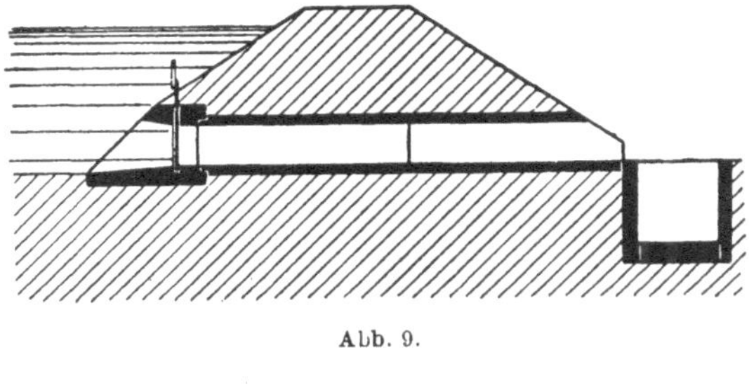

Abb. 9.

Feste Stauschleusen verursachen nicht nur einen erheblichen Kostenaufwand, sondern sind auch stets wunde Punkte der Bewässerungsanlagen, weil sie in den seltensten Fällen vollständig dicht hergestellt und unterhalten werden können und daher meist Anlaß zu Wasserverlusten geben. Man sucht deshalb ihre Zahl durch Herstellen möglichst langer Stauhaltungen einzuschränken. Auch wird der Aufstau in den Verteilgräben vielfach zweckmäßig überhaupt ohne feste Stauschleusen durch versetzbare Stauvorrichtungen, nämlich durch Schürzenwehre und Stechschützen bewirkt.

Die Schürzenwehre (Abb. 10) bestehen aus einem Holzstab, an dem ein Stück Segeltuch angenagelt ist, dessen Breite gleich dem Grabenumfang und dessen Länge etwa gleich der dreifachen gestauten Wassertiefe ist. Der Stab wird quer über den Graben gelegt, das Segeltuch auf Sohle und Böschungen lose ausgebreitet und an seinem Rand mit Steinen oder Erde beschwert. Wird dann in den Graben das Wasser eingelassen, so entsteht ein fast ganz wasserdichter Schluß zwischen Segeltuch und Grabenumfang.

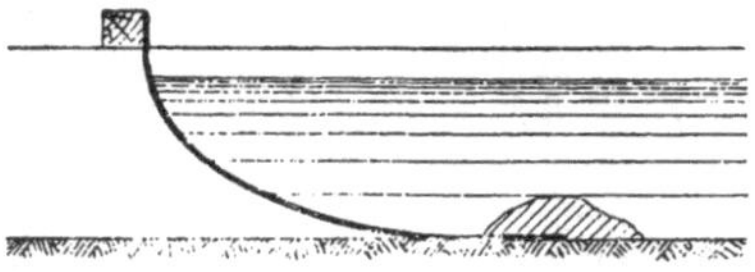

Abb. 10.

Die Stechschützen sind einfache, an den Kanten zugeschärfte Eisenblechtafeln von einer den Grabenquerschnitt allseitig um etwa 10 cm überragenden Form (Abb. 11), die entweder von Hand oder mittels Trittleisten senkrecht zur Achse in die Gräben eingesteckt werden.

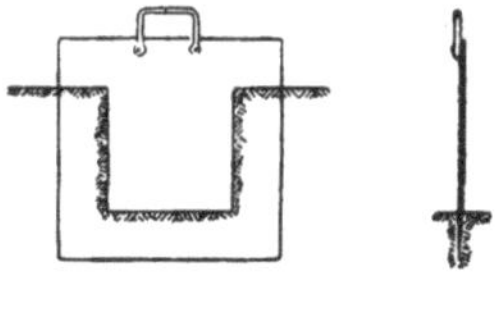

Abb. 11.

Tafeln mit Schaulinien zur Berechnung der Leistungsfähigkeit von Rohrschleusen und Dükern sind in **61** zu finden.

Stück 5. Die Bewässerungsverfahren

1. Der Grabeneinstau

Der Grabeneinstau besteht darin, daß die Wirkung offener Entwässerungsgräben durch Einsetzen von Stauvorrichtungen zeitweise aufgehoben wird. Er kann dadurch wirksamer gestaltet werden, daß von den Hauptgräben in Ab-

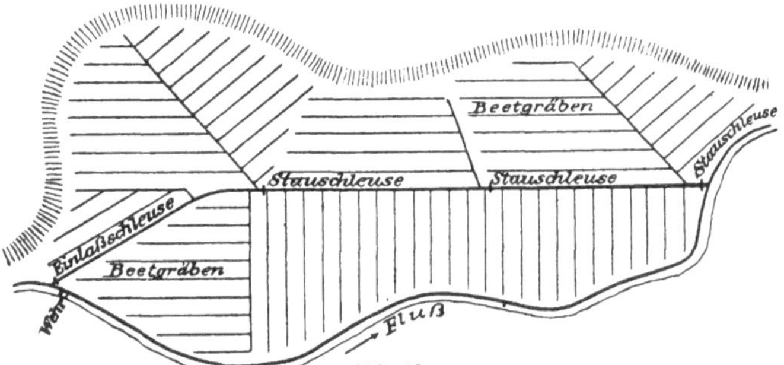

Abb. 12.

ständen von 15—25 m mit möglichst geringer Steigung Beetgräben abgezweigt werden und außerdem durch Zuleiten fremden Wassers von oben her die Füllung der Grabenanlage beschleunigt wird (Abb. 12). Voraussetzung für seine Anwendung ist, daß die Fläche, um die es sich handelt, ein sehr geringes Gefälle besitzt, weil sonst eine zu große Zahl von Stauanlagen erforderlich wird. Das in den Gräben angestaute Wasser breitet sich nur in sehr beschränktem Maße kapillar nach den Seiten aus. Der Erfolg des Grabeneinstaus besteht daher in erster Linie darin, daß eine für den Pflanzenwuchs nachteilige Absenkung des Grundwasserspiegels verhindert wird. Stehen größere Wassermengen zur Verfügung, so kann auch eine von der Durchlässigkeit des Bodens abhängige Hebung des Grundwasserstandes erzielt werden. Der Grabeneinstau findet hauptsächlich auf Moorkulturen Anwendung (vgl. S. 98).

2. Die Furchenbewässerung

Bei der Furchenbewässerung werden von den Verteilgräben gleichlaufende Furchen mit mäßigem Gefälle abgezweigt (Abb. 13 und 14), welche mit dem Pflug oder mit schweren Walzen hergestellt werden, die im Abstand der Furchen dem gewünschten Furchenquerschnitt entsprechende Ringe tragen. In diese Furchen wird das Wasser eingeleitet und zum Versickern, nicht aber zum Überlaufen gebracht. Hierbei ist darauf zu sehen, daß allen Furchen gleich viel Wasser zugeleitet wird. Das Gefälle der Furchen beträgt in der Regel 0,3—0,5% und steigt bis 2%. Es ist so zu wählen, daß das Wasser zwar noch leicht an das Ende der Furchen gelangen kann, aber keine Ausspülung in ihnen verursacht. Je stärker das Gefäll und je weniger durchlassend der Boden ist, desto länger können die Furchen angelegt werden, doch geht man mit der Länge selten über 200 m hinaus.

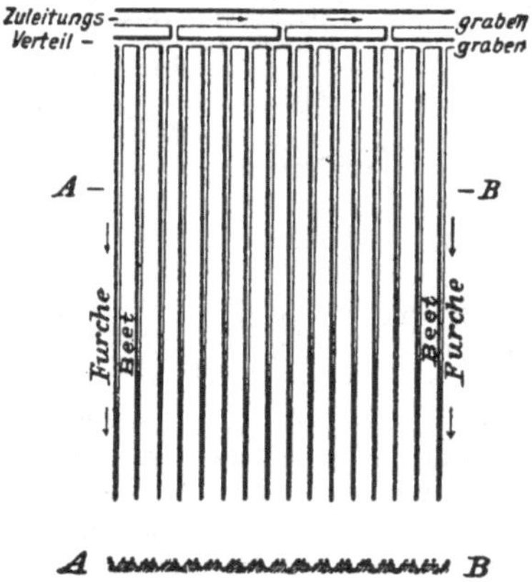

Abb. 13.

Da naturgemäß am Anfang der Furchen mehr Wasser versickert als am Ende und neben den Furchen mehr als in der Mitte zwischen ihnen, so läßt sich bei der Furchenbewässerung keine vollkommen gleichmäßige Wasserverteilung erzielen. Diese wird bei gleichem Gefälle um so besser sein, je kürzer die Furchen und je schmäler die Beete gemacht werden. Die seitliche Wirkung des Wassers bei der Furchenbewässerung erstreckt sich auf leichten Böden höchstens 30—40 cm weit. Die Furchen sollten daher in solchen Böden nicht mehr als 60—80 cm auseinandergelegt werden.

Auch bei schwereren Bodenarten pflegt man übrigens mit dem Abstand der Furchen im allgemeinen nicht über 1 m zu gehen. Bei ihnen empfiehlt es sich, um die Versickerung zu erleichtern, die Furchen breiter anzulegen als auf leicht durchlassenden Böden.

Abb. 14.

Die zwischen den Furchen stehenbleibenden Beete werden angebaut. Es ist daher ohne weiteres klar, daß sich die Furchenbewässerung vor allem für solche Pflanzen eignet, welche in Reihen gebaut werden, also in erster Linie für Gemüse und Hackfrüchte sowie für Beerenobst. Da ferner das Bewässerungswasser hierbei nicht in unmittelbare Berührung mit den Pflanzen kommt, eignet sich die Furchenbewässerung besonders gut für die Bewässerung mit städtischem Abwasser und findet daher vor allem auf städtischen Rieselfeldern Anwendung.

Nach den Versuchen des früheren Kaiser-Wilhelm-Instituts für Landwirtschaft in Bromberg sinkt bei der Furchenbewässerung der größte Teil des verwendeten Wassers in die Tiefe, ohne von den Pflanzenwurzeln ausgenüzt werden zu können. Mit ihr ist deshalb eine bedeutende Wasserverschwendung verbunden. Diese fällt jedoch bei Rieselfeldern nicht ins Gewicht, da dort die zur Verfügung stehende Wassermenge stets eine überreichliche ist. Außer in der Wasserverschwendung ist auch in dem durch die zahlreichen Furchen bedingten Verlust an Anbaufläche ein Nachteil dieses Bewässerungsverfahrens zu erblicken. Dagegen läßt es sich noch auf stark geneigten Flächen anwenden, sofern sie nur ziemlich eben sind. Gewelltes Gelände ist für die Furchenbewässerung weniger geeignet.

3. Die Überstauung

Bei der Überstauung wird das ganze zu bewässernde Gelände zeitweise künstlich einige Dezimeter hoch unter Wasser gesetzt. Sie ist nur auf annähernd waagrechten Flächen (Ge-

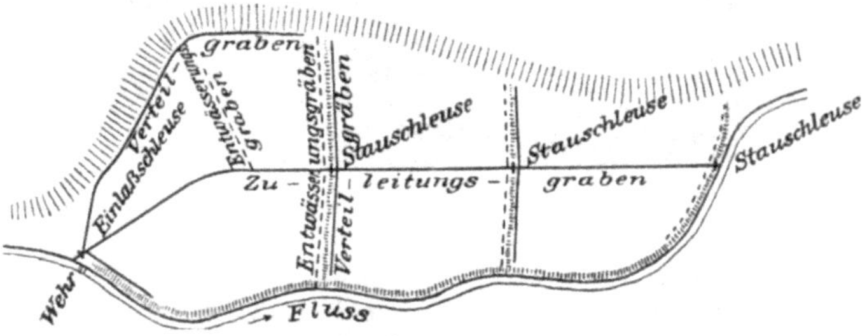

Abb. 15.

fälle unter 2 ‰) und in lockerem, warmem Boden am Platze. Die Bewässerungsfläche wird unter möglichster Rücksichtnahme auf die Eigentums- und Wegverhältnisse in Stauabteilungen eingeteilt, die eine Ausdehnung bis zu 10 ha und darüber erhalten können und mit Dämmen umgeben werden. Um eine rasche und gleichmäßige Verteilung des Wassers zu erzielen und nach Beendigung der Bewässerung das Abtrocknen möglichst zu beschleunigen, sind die einzelnen Abteilungen mit Verteilungs- und Entwässerungsgräben zu versehen (Abb. 15). Die Dämme werden mit dem Aushub der Gräben hergestellt.

Die Dammkrone wird mit Rücksicht auf den Wellenschlag 30—40 cm höher als der in der betreffenden Abteilung beabsichtigte Stau, jedoch selten höher als 1,0 m angelegt. Die Dämme erhalten 1,0 bis 1,5 m Kronenbreite und 2—3fache Böschungen; sie sind mit Rasen anzusetzen. Es ist darauf zu sehen, daß das Gelände überall überstaut werden kann und daß sich nicht einzelne Inseln bilden, da diese von der Bewässerung keinen Nutzen haben und daher einen mangelhaften Ertrag abwerfen. Solche erhöhte Stellen sind deshalb abzutragen. Dort, wo der Hauptzuleiter die Trennungsdämme der einzelnen Stauabteilungen kreuzt, werden die Stauschleusen angebracht.

Die Abteilungen werden in der Weise gefüllt, daß zuerst die unterste und dann der Reihe nach die oberhalb liegenden mit frischem Wasser versorgt werden. Ebenso geht die Entleerung von unten nach oben von statten.

Beim Füllen großer Stauabteilungen entstehen in sehr durchlässigen Böden erhebliche Sickerverluste. Wo das Wasser knapp ist, muß daher die Fläche der Stauabteilungen herabgesetzt werden. So werden z. B. bei der Obstbewässerung nach amerikanischem Muster Becken von oft nur 1 a Fläche angelegt, deren Dämme mit einem besonders gebauten Häufelpflug hergestellt werden.

Die Überstauung wird im allgemeinen nur in den Zeiten der Wachstumsruhe ausgeübt. Eine Ausnahme macht nur der Reis, der als Sumpfpflanze in südlichen Ländern während der ganzen Wachstumszeit überstaut wird.

Bei der Überstauung werden die Pflanzen und der Boden durch das ruhig stehende Wasser vollkommen von der Luft abgeschlossen. Dieser Luftabschluß ist für die süßen Gräser nicht zuträglich, weshalb sich auf überstauten Wiesenflächen ein rauhes Futter entwickelt. Die Überstauung soll bei Wiesen im Sommer nicht länger als 2 Tage dauern. Ackerflächen dürfen nur zu Zeiten überstaut werden, in denen sie nicht mit Pflanzen bestanden sind. Werden sie zu lange überstaut, so besteht die Gefahr, daß der Boden versauert und das Bakterienleben in ihm geschädigt wird.

Mit großem Erfolg wird die Überstauung zur Bodenreinigung sowie zur Auflandung (Kolmatierung) angewendet. Bei der letzteren werden schlickreiche Hochwasser in die Stauabteilungen eingelassen und durch die sich hierbei ergebende Verringerung der Wassergeschwindigkeit zum Absetzen der mitgeführten Schwebestoffe veranlaßt. Auf diese Weise können im Laufe der Zeit namhafte Auflandungen in den Stauabteilungen erzielt und nicht allein ertraglose Kies- und Geröllflächen mit einer Kulturschicht überzogen, sondern auch tiefliegende und unter Nässe leidende Kulturflächen künstlich erhöht werden.

4. Die Stauberieselung

Die Stauberieselung begegnet dem der Überstauung anhaftenden Übelstande des völligen Luftabschlusses dadurch, daß bei ihr das Wasser in steter Bewegung erhalten und so

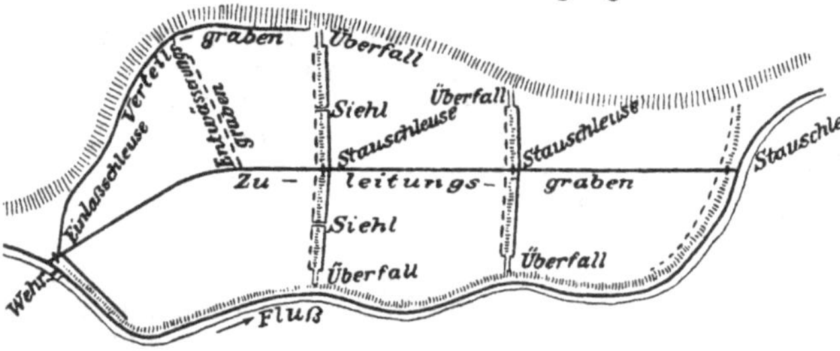

Abb. 16.

den Pflanzen und dem Boden immer frischer Sauerstoff zugeführt wird. Zu diesem Zweck bleibt nach der Füllung der Abteilungen die Einlaßschleuse geöffnet und der Ablauf wird so geregelt, daß in den einzelnen Abteilungen die Stauhöhe gewahrt bleibt.

Die Einrichtung der Abteilungen ist die gleiche, wie bei der Überstauung. Durch Überfälle, Schleusen und Siele in den Trennungsdämmen (Abb. 16) wird jedoch dafür gesorgt, daß das Wasser auf deren ganze Länge gleichmäßig eintritt und sich über die ganze Breite der Abteilungen langsam fortbewegt. Die Überfälle werden zweckmäßig an den höchsten Stellen des Geländes so angeordnet, daß das Wasser in einer Stärke von etwa 5 cm überfällt. An der Unterseite der Überfälle erhalten die Dämme 4—5fache Böschungen. Die Wassertiefe in den Abteilungen sollte nirgends weniger als 10 cm, aber auch nirgends mehr als 50 cm betragen. Bei großen Abteilungen ist unter Umständen durch besondere Leitdämme und Leitmulden dafür zu sorgen, daß auch toten Ecken frisches Wasser zufließt. Wegen der mit zu großen Abteilungen gemachten schlechten Erfahrungen empfiehlt es sich nicht, diese größer als höchstens 15 ha zu machen. Wie bei der Überstauung, so ist auch bei der Stauberieselung durch geeignete Entwässerungsgräben dafür zu sorgen, daß die Bewässerungsfläche nach der Wässerung rasch abtrocknet. Die Einrichtung sollte ferner so getroffen werden, daß jeder Abteilung auch unmittelbar frisches Wasser zugeleitet werden kann.

Die Stauberieselung beschränkt sich im allgemeinen auf Wiesen. Sie ist bei flachem und durchlässigem Gelände namentlich für die Ausnützung der dungreichen Herbst- und Winterhochwasser der Flüsse sehr geeignet.

5. Die Berieselung

Bei der Berieselung wird das Wasser in dünner Schicht über den Boden geleitet. Sie setzt daher ein mit der Durchlässigkeit des Bodens wachsendes Gefälle der Bewässerungsfläche voraus und kommt wegen der auf Ackerland vorhandenen Gefahr der Abschwemmung hauptsächlich auf Wiesengelände zur Anwendung.

Ist von Natur ein Geländegefälle von mehr als 2% vorhanden, so werden die Zuleitungs- und Verteilgräben ganz der natürlichen Geländegestaltung angepaßt, und die Umformung der Geländeoberfläche wird möglichst vermieden, d. h. es kommt der natürliche Wiesenbau zustande.

Fehlt dagegen das zum Rieseln erforderliche natürliche Geländegefälle, so wird die ganze Wiesenoberfläche umgebaut und in regelmäßigen Formen neu angelegt, ein Verfahren, das man als Kunstwiesenbau bezeichnet. Es ist ohne weiteres klar, daß hierbei erheblich höhere Bau- und Unterhaltungskosten entstehen als beim natürlichen Bau. Der Kunstwiesenbau ist daher nur da am Platze, wo Boden, Wasser, Klima und Absatzverhältnisse besonders günstig sind und wo eine sichere Gewähr für eine sorgfältige Unterhaltung solcher Anlagen geboten ist. Er kommt deshalb nur selten mehr zur Ausführung und findet, da er die Maschinenarbeit sehr erschwert, selbst in seiner Heimat, dem Siegerland, bei Neuanlagen kaum noch Anwendung.

Bei beiden Bauweisen unterscheidet man zwischen Hang- und Rückenbau. Der Hangbau kennzeichnet sich dadurch, daß das Wasser aus den Rieselrinnen nur einseitig auf die zu bewässernde Fläche übertritt, während es beim Rückenbau gleichzeitig nach beiden Seiten überschlägt. Da sich in der Natur die Hangform viel häufiger darbietet als die Rückenform, so bildet beim natürlichen Wiesenbau der Hangbau die Regel, wogegen die Kunstwiesen in der Hauptsache als Rückenbauten zur Ausführung kommen.

a) **Der natürliche Hangbau.** Der Zuleiter wird am oberen Rande der zu bewässernden Fläche entlanggeführt. Aus ihm werden, möglichst auf den Rücken von Geländewellen (Abb. 17), in Abständen von 40—50 m, dem größten Geländegefälle folgend, die Verteilrinnen abgezweigt. Die Verteilrinnen haben rechteckigen Querschnitt. An sie schließen sich mit kleinem Bogen die Rieselrinnen an, die annähernd waagrecht verlaufen und sich daher den Höhenlinien anpassen. Da aus den Zuleitern nicht gerieselt wird, sind die obersten Rieselrinnen unmittelbar neben diese zu legen. Der Abstand der Rieselrinnen schwankt zwischen 5 m und 25 m. Er richtet sich neben der Durchlässigkeit des Bodens in erster Linie nach der zur Verfügung

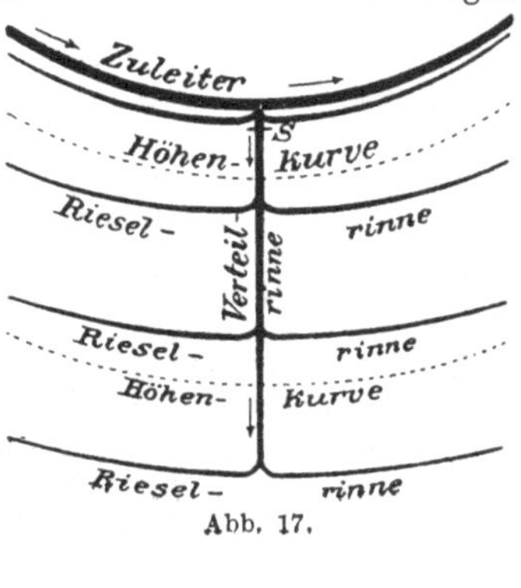

Abb. 17.

stehenden Wassermenge und nach dem Geländegefälle. Je geringer die Durchlässigkeit des Bodens und je größer die Wassermenge und das Geländegefälle sind, desto breiter können die einzelnen Hangtafeln gewählt werden, denn desto geringer ist die Gefahr eines vorzeitigen Versickerns und desto leichter vermag das Wasser die ihm durch die einzelnen Grasbüschel entgegengesetzten Widerstände zu überwinden, desto gleichmäßiger kann es sich also verteilen.

Um die Bewässerung in Gang zu setzen, wird das Wasser zunächst in die oberste Rieselrinne eingeleitet, indem man hinter ihrer Abzweigung aus der Verteilrinne eine Stechschütze *S* in diese einsetzt. Das Wasser tritt dann über die Überschlagkante der Rieselrinne auf die erste Tafel über, rieselt über sie ab und sammelt sich, soweit es nicht versickert, in der nächst unterhalb liegenden Rieselrinne wieder. Wird nun durch Einlegen eines Rasenstücks oder Einsetzen einer Stechschütze am oberen Ende der zweiten Rieselrinne dafür gesorgt, daß das Wasser nicht in die Verteilrinne zurück- und in dieser abläuft, so kommt es in der zweiten Rieselrinne erneut zum Überschlagen, worauf sich der gleiche Vorgang in den folgenden Hangtafeln wiederholt. Durch entsprechendes Versetzen der Stechschütze in der Verteilrinne kann auch jeder beliebigen anderen Hangtafel frisches Wasser zugeführt werden.

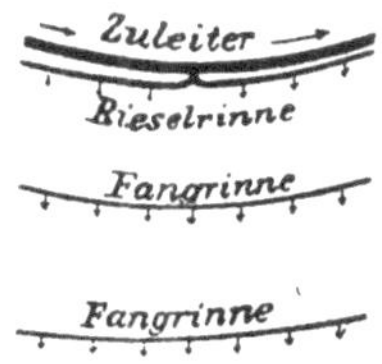

Abb. 18.

Bei stark geneigten Hängen und in weniger durchlassenden Bodenarten kann auf die Verteilrinne auch verzichtet werden. Außer der obersten, die Wasserzuführung besorgenden Rieselrinne werden in diesem Falle nur waagrechte Fangrinnen in den Hang eingeschnitten, die das von jeder Hangtafel abfließende Wasser sammeln und von neuem gleichmäßig zum Überschlagen bringen (Abb. 18).

Umgekehrt kann es bei geringem Hanggefälle in schwerer durchlassenden Böden notwendig werden, am unteren Ende der Hangtafeln Entwässerungsrinnen anzulegen, um der Versumpfung vorzubeugen (Abb. 19). Das in den Entwässerungsrinnen abfließende Wasser wird dann in einem, am besten in die nächste Geländemulde zu legenden Entwässerungsgraben gesammelt und in diesem entweder einem tieferliegenden Zuleiter zur Wiederverwendung zugeführt oder in einen dem unteren Ende der Rieselfläche entlang ziehenden Vorflutgraben eingeleitet. Der Abstand der Entwässerungs- und der Rieselrinnen ist in leichten Bodenarten zu 0,75 m, in

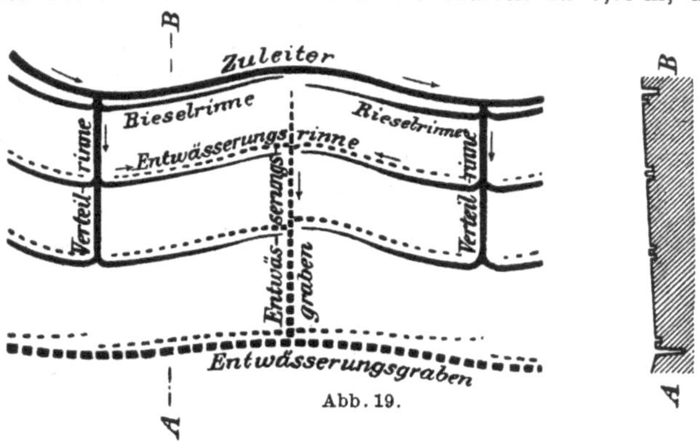

Abb. 19.

schwereren zu 0,50 m zu wählen. Auch bei der untersten Hangtafel kann eine besondere, längs dem Vorflutgraben verlaufende Entwässerungsrinne nicht entbehrt werden, um ein Auswaschen der Böschungsflächen des Vorflutgrabens durch das wild abrieselnde Wasser zu verhindern. Daß die Verteil- und die Rieselrinnen ihrer Wasserführung entsprechend gegen das Ende zu an Querschnitt abnehmen und daß umgekehrt die Entwässerungsrinnen und -gräben um so mehr an Querschnitt zunehmen, je mehr sie sich dem Vorfluter nähern, ist selbstverständlich. Entwässerungsrinnen verursachen stets eine gewisse Wasserverschwendung, weil das abrieselnde Wasser von jeder Hangtafel unmittelbar abgeführt wird, ohne in den tieferliegenden Tafeln weiter ausgenützt zu werden. Dieser Nachteil kann durch Wiederverwendung des Wassers auf tieferliegenden Hängen einigermaßen ausgeglichen werden.

Es ist jedoch stets dafür zu sorgen, daß letzteren nach Belieben auch unmittelbar frisches Wasser zugeleitet werden kann.

b) **Der künstliche Hangbau** erfordert stets die Anlage von Entwässerungsrinnen. Er unterscheidet sich vom natürlichen Hangbau mit Entwässerungsrinnen nur dadurch, daß sämtliche Rinnen geradlinig werden (Abb. 20) und daß

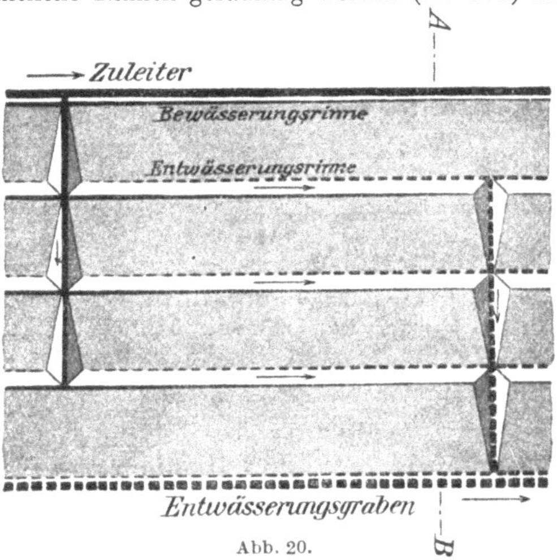

Abb. 20.

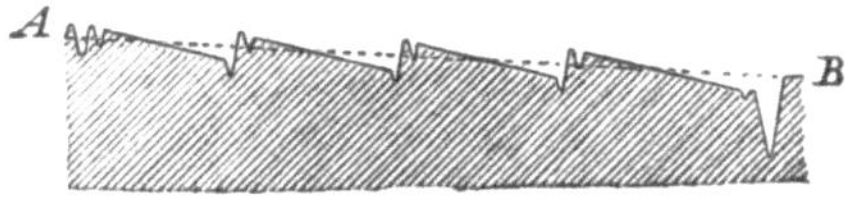

Abb. 21.

den künstlichen Hangtafeln wegen der Durchlässigkeit des durch den Umbau gelockerten Bodens ein Gefälle von mindestens 4% zu geben ist. Infolgedessen gestaltet sich der Querschnitt durch einen künstlichen Hangbau sägenartig (Abb. 21). Bei den Umformungsarbeiten ist das Bestreben dahin zu richten, zwischen Einschnitt und Auffüllung einen

Massenausgleich zu erzielen. Auch ist dabei, wie überhaupt bei allen Kunstwiesenbauten, peinlich zu vermeiden, daß der gute Mutterboden vergraben und der unfruchtbare Boden tieferer Schichten an die Oberfläche gebracht wird. Wo es sich nicht umgehen läßt, tiefere Bodenschichten anzuschneiden, sind sie mit Humus und Rasensatz sorgfältig anzudecken.

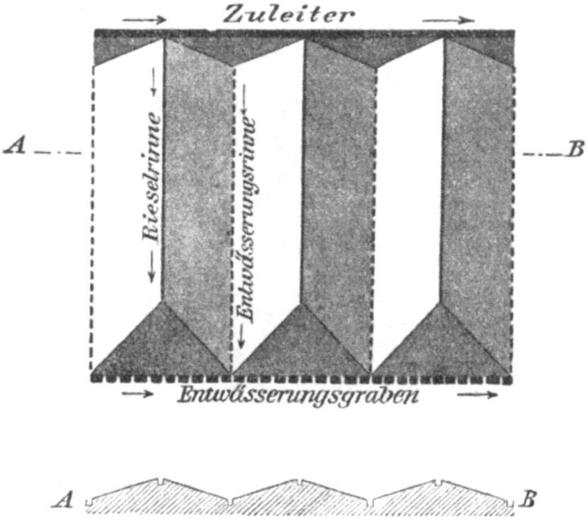

Abb. 22.

c) Beim **künstlichen Rückenbau** wird die Rieselfläche satteldachförmig ausgebildet (Abb. 22). Auf den Firstlinien werden die Rieselrinnen, in den Traufkanten die Entwässerungsrinnen angelegt. Bei der Einteilung der Rücken ist darauf zu achten, daß die Entwässerungsrinnen tunlichst auf Grundstücksgrenzen zu liegen kommen. Die Rieselrinnen werden aus einem dem oberen Ende der Rücken entlang führenden Zuleitungsgraben gespeist, während die Entwässerungsrinnen durch den am unteren Ende der Rücken angelegten Entwässerungsgraben zusammengefaßt werden.

Die Breite der Rücken, d. i. der Abstand zweier Entwässerungsrinnen, wird gewöhnlich gleich einem Vielfachen der Schwadenbreite beim Mähen (2 m) festgesetzt. Sie schwankt zwischen 6 m und 30 m und kann um so größer gewählt werden, je größer das Quergefälle der Rücken angenommen wird und je weniger durchlassend die Bodenart ist. Die düngende Bewässerung verlangt schmälere Rücken als die anfeuchtende.

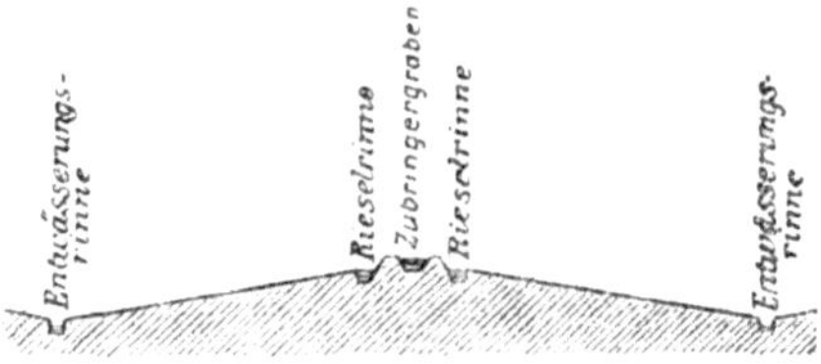

Abb. 23.

Die Länge der Rücken muß in einem geeigneten Verhältnis zu ihrer Breite stehen. Sie ist in erster Linie vom Geländegefälle abhängig. Je größer dieses ist, um so kürzer müssen die Rücken gewählt werden, um noch mit einer mäßigen Erdbewegung auszukommen. Die Rückenlänge schwankt im allgemeinen zwischen 12 m und 25 m. Längere Rücken sind mit Rücksicht auf die gleichmäßige Wasserverteilung nur dort zulässig, wo die Firstrinne als Zubringergraben ausgebildet wird und beiderseits besondere Rieselrinnen angelegt werden (Abb. 23), was sich bei den breiteren Rücken sowieso empfiehlt.

Das Quergefälle der Rücken beträgt in leichtem Boden 6%, in schwerem 4%; es läßt sich jedoch mit kleinerem Quergefälle auskommen, wenn durch Anlage weiterer Rieselrinnen auf den Rückentafeln für eine gute Verteilung des Wassers gesorgt wird (Abb. 24). Da die Rieselrinnen annähernd waagrecht, die Entwässerungsrinnen aber mit 0,5—1% Gefälle angelegt werden, so bilden die Rückentafeln windschiefe Flächen, auf denen das Wasser schräg abwärts rieselt.

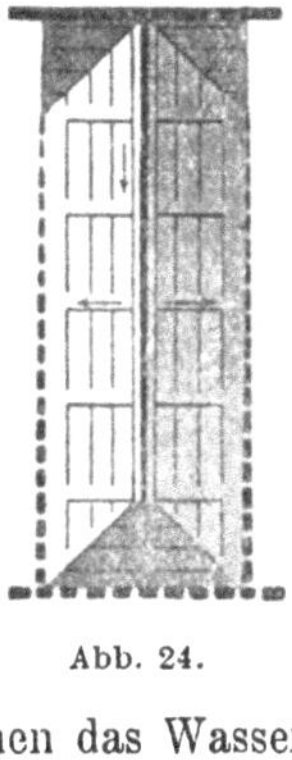
Abb. 24.

Dem durch die zahlreichen Entwässerungsrinnen bedingten

großen Wasserverbrauch sucht man durch möglichst weitgehende Wiederverwendung des Wassers auf tieferliegenden Flächen entgegenzuwirken. Werden mehrere Rücken der Längsrichtung nach hintereinander angeordnet, so entstehen die sog. Staffelrücken (Abb. 25). Bei der Bewässerung

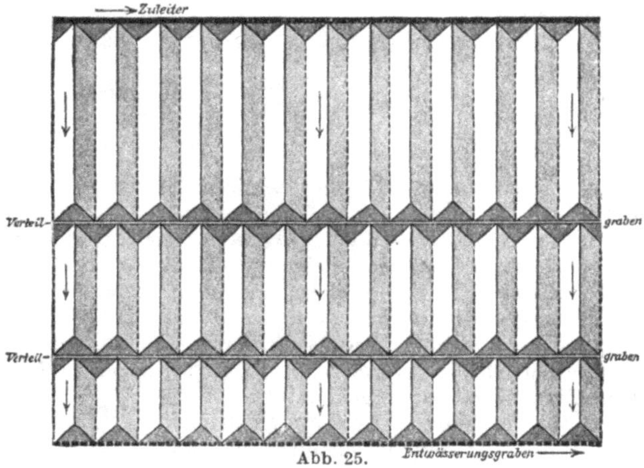

Abb. 25.

mit Abwasser werden die unteren Rücken entsprechend der beim Rieseln eintretenden Abnahme des Gehalts des Rieselwassers an Pflanzennährstoffen verkürzt, wenn die unteren Staffeln nicht so eingerichtet werden, daß ihnen unmittelbar auch frisches Wasser zugeleitet werden kann.

d) **Der schrittweise Rückenbau** stellt eine Vorstufe des Kunstrückenbaus dar. Um nämlich die Anlagekosten mög-

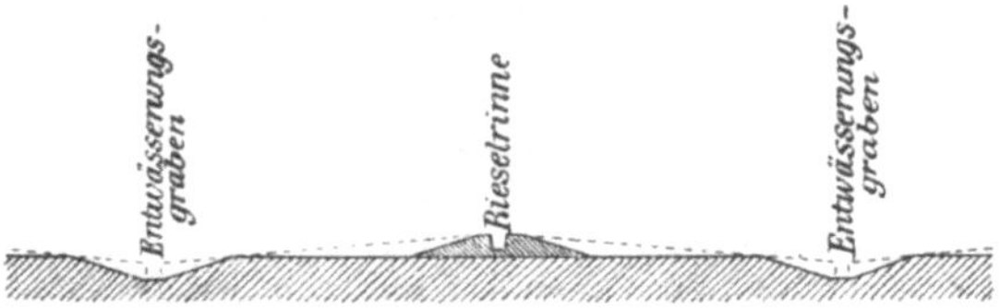

Abb. 26.

lichst zu ermäßigen, begnügt man sich bei ihm damit, statt die Kunstrücken sofort vollständig auszubauen, zunächst nur flach abgeböschte Entwässerungsgräben auszuheben und mit dem dabei gewonnenen Boden die Rieselrinnen aufzudämmen (Abb. 26), also die Rücken zunächst nur anzudeuten, um sie dann erst allmählich mit dem im Laufe der Zeit anfallenden Grabenausschlag regelmäßig auszubauen.

e) **Die Staugrabenrieselung** ist eine natürliche Bauweise, die besonders in den fränkischen Teilen Bayerns mit großem Erfolg angewendet wird. Sie beschränkt sich, um die Zahl der für die Bewirtschaftung so lästigen kleineren Gräben möglichst zu vermindern, darauf, mit den Zuleitungsgräben den höchsten Linien der in der Bewässerungsfläche vorhandenen natürlichen Hänge und Rücken nachzugehen und aus ihnen unmittelbar zu wässern (Abb. 27).

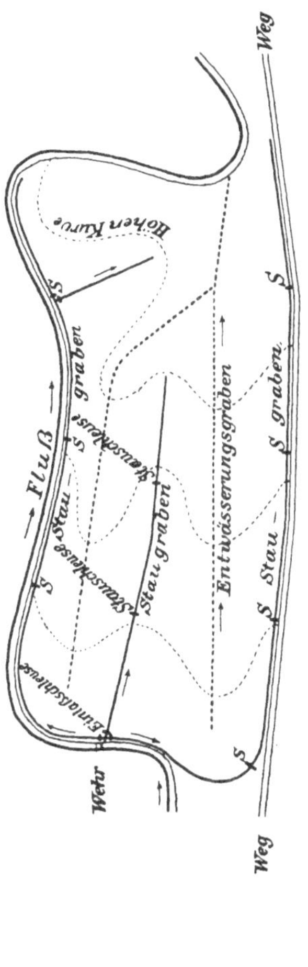

Abb. 27.

Zu diesem Zwecke werden die Zuleitungsgräben durch kleine Stauschleusen *S* in waagrechte Haltungen eingeteilt. Die Grabenborde, über die das Wasser unmittelbar zum Überschlagen gebracht wird, müssen zu diesem Behufe naturgemäß mit einem kleinen Gefälle angelegt und über das umgebende Gelände aufgedammt werden. Die Kronenbreite der Aufdammungen beträgt 0,4—0,6 m, ihre Außenböschungen werden je nach der Bodenart 1½—4-fach angelegt. Die Sohle der Zuleitungsgräben geht gleichmäßig durch und wird dem natürlichen Geländegefälle angepaßt.

Die Länge der Stauhaltungen hängt in erster Linie von dem Geländegefälle ab, da man mit den Aufdammungen nicht gerne höher als 0,30—0,35 m geht. Länger als 60—100 m werden die Stauhaltungen jedoch nicht gewählt; in der Regel sollte sogar womöglich nicht über eine Länge von 50 m gegangen werden. Sind die zur Verfügung stehende Wassermenge und das seitliche Gefälle der Rieselfläche klein und handelt es sich um durchlässige Bodenarten, so sind die Stauhaltungen noch kürzer zu machen.

In den tiefsten Linien der natürlichen Geländemulden werden, soweit erforderlich, Entwässerungsgräben angelegt. Die Breite der zwischen den Zuleitern und den Entwässerungsgräben entstehenden Hänge soll mit Rücksicht auf eine gleichmäßige Wasserverteilung 70 m nicht überschreiten; bei breiteren Hängen sind Zwischengräben anzuordnen. Das Quergefälle der Hänge kann ziemlich gering sein und darf bei sorgfältiger Verebnung bis auf 3‰ herabgehen.

Die Staugrabenrieselung eignet sich vor allem für die anfeuchtende Bewässerung in bindigeren Bodenarten. Für die düngende Bewässerung ist sie weniger geeignet, weil bei der großen Breite der Hangtafeln in der Nähe der Zuleiter leicht übermäßig viele Dungstoffe abgelagert werden, wogegen die unteren Teile der Hänge darben müssen.

6. Die Beregnung

Bei der Beregnung[1]) wird das Wasser in Druckrohrleitungen auf die zu bewässernden Flächen gefördert und dort regenartig verteilt. Die Beregnung erfordert deshalb keinerlei

---

[1]) **Merke**: Der Boden wird **be**regnet, das Wasser wird **ver**regnet, daher Feld**be**regnung, **Be**regnung mit Abwasser, **Be**regnungsverband n i c h t **Ver**regnungsverband, aber Abwasser**ver**regnung n i c h t Abwasser**be**regnung, Abwasser**ver**regnungsverband n i c h t Abwasser**be**regnungsverband.

Umformung der Geländeoberfläche, auch gestattet sie, die Wassergaben dem Bedürfnis der Pflanzen weitgehend anzupassen und sie so zu bemessen, daß keine Verluste durch Versickerung oder oberirdischen Abfluß entstehen.

a) **Die Druckrohrleitungen** bestehen aus der Stammleitung und den Feldleitungen. Die Stammleitung verbindet die Druckpumpe mit der Beregnungsfläche. Sie wird in der Regel in frostfreier Tiefe unterirdisch verlegt und so auf der Beregnungsfläche verzweigt, daß diese sich mit den in Aussicht genommenen Feldleitungen vollständig bestreichen läßt. Die Stammleitung wird mit Zapfrohren oder mit Abzweigschiebern ausgestattet, an die nach Bedarf die Feldleitungen angeschlossen werden. Wegen der Herstellung und der Berechnung der Stammleitungen ist auf Stück 4 Nr. 3 zu verweisen.

Die Feldleitungen verbinden die Stammleitung mit den Regnern. Sie werden meist als fliegende Leitungen oberirdisch verlegt und müssen dann leicht umgebaut werden können. Sie werden zu diesem Zweck aus dünnwandigen, nahtlos gewalzten, feuerverzinkten Stahlrohren, aus geschweißten, feuerverzinkten Bandstahlrohren oder aus Leichtmetallrohren hergestellt. Die einzelnen Rohre sollten nicht schwerer sein, als daß sie von einem Mann getragen werden können. Ihre Länge beträgt in der Regel 6 m. Um sie vor dem Einsinken in den durchweichten Boden zu bewahren und die Rohrverbindungen vor dem Verschmutzen zu schützen, erhalten die einzelnen Rohre an den Enden Stützen oder Spreizfüße aus Flacheisen, Rundeisen oder Gasrohren, die unten waagrecht abgebogen oder mit tellerförmigen Fußplatten versehen sind.

Die Rohre der Feldleitungen müssen ferner leicht zusammengekuppelt und getrennt werden können. Sie werden zu diesem Zwecke mit Schnellkupplungen versehen. Diese müssen so ausgebildet sein, daß sie dem Durchfluß des Wassers möglichst geringen Widerstand entgegensetzen. Auch müssen sie den Rohren soviel

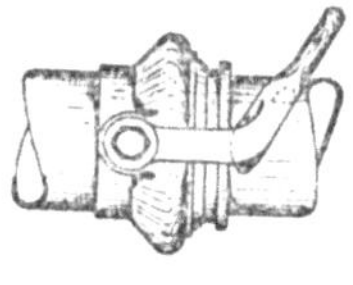

Abb. 28. Schnellkupplung der Maschinenfabrik Gustav Hüdig in Berlin.

Spielraum lassen, daß diese nach allen Richtungen genügend abgewinkelt werden können, um mit den Leitungen Unebenheiten des Geländes überwinden und Hindernisse umgehen zu können. Die Schnellkupplungen bestehen in der Regel aus Muffen, die auf die Rohrenden aufgewalzt oder aufgeschweißt sind und durch

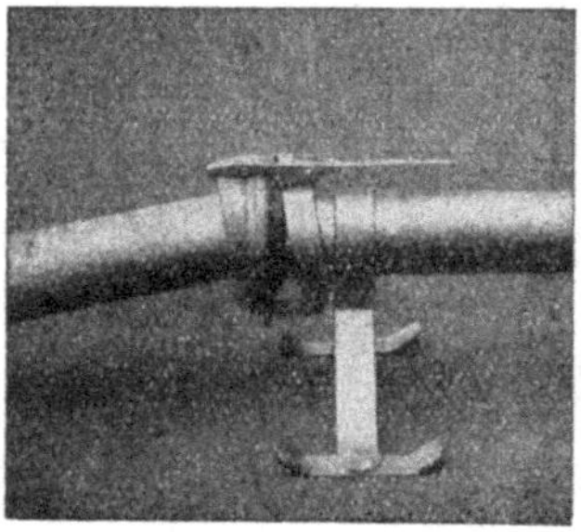

Abb. 29. Kardangelenkkupplung der Firma Perrot-Regnerbau in Calw (Württ.).

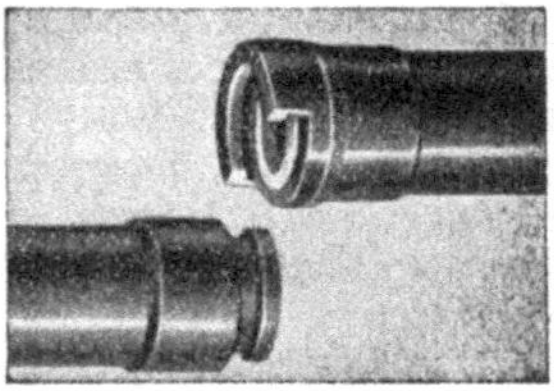

Abb. 30. Schnellkupplung der Firma Borm & Michaelis in Berlin-Babelsberg.

Abb. 31. Dreiwege-Schnellkupplung mit Schrägblatt-Düsenkopf der Lanninger-Regner A. G. in Frankfurt a. M.-Rödelheim.

Überfallbügel (Abb. 28), Kniehebel (Abb. 29) oder mittels Einschiebenuten (Abb. 30) zusammengehalten werden. Lanninger benützt für seine Einheitsleitungen besondere Kupplungsstücke, die mit Spreizfüßen versehen und teils als Muffen-, teils als Dreiwegestücke ausgebildet sind. Die völlig unbearbeiteten Leitungsrohre tragen an ihren Enden Klemmringe, mittels derer sie auf der einen Seite gelenkig, auf der anderen durch einen unter Federdruck stehenden Haken mit den Kupplungsstücken verbunden werden (Abb. 31). In den nach oben gerichteten Stutzen der Dreiwegestücke können je nach Be-

Abb. 32. Bestandteile der Lanninger-Dreiwege-Kupplung.

Abb. 33. Lanninger-Dreiwege-Kupplung mit Drehstrahlregler.

Abb. 34. Lanninger-Dreiwege-Kupplung mit Abzweigbogen.

darf Düsenköpfe (Abb. 31), Drehstrahlregner (Abb. 33), Abzweigbogen (Abb. 34) oder Verschlußkappen (Abb. 32) eingesetzt werden. Bei allen Bauweisen werden zur Dichtung Gummiringe in die Kupplung eingelegt.

Wegen der Berechnung der Schnellkupplungsleitungen s. Stück 4 Nr. 3.

Abb. 35. Krause-Regner der Maschinenfabrik Gustav Hüdig in Berlin

b) **Die Beregnungsgeräte** lassen sich in Düsenflügel und Regnerflügel einteilen. Die Düsenflügel sind entweder

Abb. 36. Lingg-Regner der Firma Gebrüder Lochbihler in München.

fest oder schwenkbar eingerichtet. Die festen Düsenflügel bestehen aus Schnellkupplungsrohren, die entweder selbst (Abb. 35) oder auf den Kupplungen (Abb. 31) Sprühdüsen oder Brausen tragen, von denen gleichzeitig eine Anzahl einen Geländestreifen von 6—14 m Breite und bis zu 200 m Länge beregnet und die so angeordnet sind, daß sich die von ihnen besprengten Flächen an den Rändern hinreichend überdecken, um Fehlstellen zu vermeiden (s. S. 53). Die Rohre der schwenkbaren Düsenflügel (Abb. 36) haben Feinstrahldüsen, sind auf Stützen um ihre Längsachse schwenkbar gelagert und werden durch einen Wassermotor hin- und hergeschwenkt. Mit den schwenkbaren Düsenflügeln lassen sich Geländestreifen von 10—21 m Breite und bis zu 100 m Länge beregnen. Die Düsenflügel erfordern einen Düsendruck von 1—4 atü. Wegen ihrer verhältnismäßig geringen Flächenleistung werden sie fast nur noch im Gartenbau verwendet.

Regnerflügel sind bewegliche Druckrohrleitungen, deren Rohre oder Kupplungen in größeren Abständen oder nur am Ende mit Regnern ausgerüstet sind. Als Regner werden in der Regel Drehstrahlregner verwendet. Diese verteilen das Wasser von einer Stelle aus in einem ständig umlaufenden Strahl auf die Beregnungsfläche. Sie werden nach der Regendichte i, d. i. die in der Stunde (h) erzeugte Niederschlagshöhe in mm, eingeteilt in Starkregner (i größer als 17 mm/h), Mittelstarkregner (i 17 bis 5 mm/h) und Schwachregner (i kleiner als 5 mm/h). Regner mit i zwischen 1,5 und 2 mm/h werden auch als Langsamregner bezeichnet. Unter der Wurfweite eines Regners versteht man die waagerechte Entfernung von der Regnerdüse bis zu der Stelle, auf die bei ruhendem Strahl und Windstille die äußersten Tropfen des noch zusammenhängenden Strahls fallen. Die Wurfweiten der Drehstrahlregner betragen bis zu 70 m, ihre Düsenweite 3,7 bis 30 mm, ihr Betriebsdruck 2 bis 4 atü, ihr Wasserverbrauch 0,5 bis 109 m³/h. Einzelheiten sind aus den Druckschriften der Lieferfirmen zu ersehen. Die Regner mit großem Wasserverbrauch erfordern weite Rohrleitungen und sind daher nur für ortsfeste Anlagen geeignet. Sie kommen aber wegen ihrer großen Wurfweiten mit verhältnismäßig wenig Rohren aus.

Die Drehstrahlregner setzen sich zusammen aus einem senkrechten Zulaufrohr, einem über diesem drehbaren schräg nach aufwärts gerichteten Strahlrohr mit Mundstück (Düse) und einer Dreh- und Verteilungsvorrichtung. Der für die Zwecke der Beregnung günstigste Erhebungswinkel des Strahlrohrs, d. h. der günstigste Winkel, den die Achse des Strahlrohrs mit der Waagrechten bildet, beträgt 30—32°. Durch die wiederholte Änderung der Fließrichtung am Übergang von der Zuführungsleitung zum Standrohr und von diesem zum Strahlrohr wird das Wasser in drehende und wirbelnde Bewegung versetzt, infolge deren der Wasserstrahl kurz nach dem Austritt aus der Düse auseinandergerissen und in Tropfen aufgelöst wird. Um dies zu verhindern und den Strahl auf größere Entfernung zusammenzuhalten, werden Strahlregler in das Strahlrohr der Weitstrahlregner eingebaut, die das Wasser zwingen, die Düse in gleichlaufenden Fäden zu verlassen. Näheres über die diesbezüglichen Versuche von Oehler s. 58. Zum Verregnen von Abwasser sind Regner mit Strahlreglern wegen der Verstopfungsgefahr

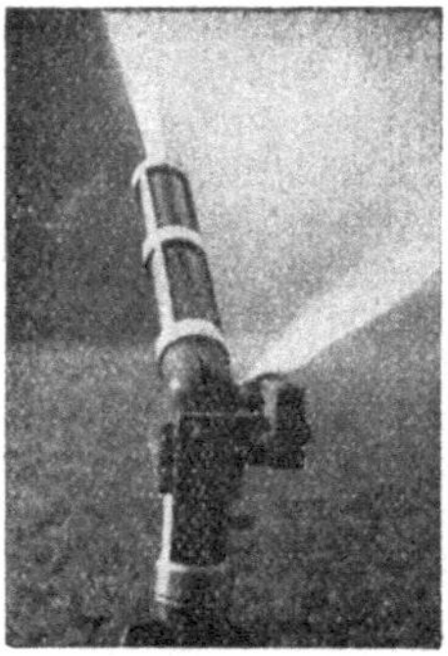

Abb. 37.
Perrot-Großflächenregner.

Abb. 38.
Lanninger-Rüsselregner.

nicht geeignet. Für die Düsen der Weitstrahlregner ist die einfache keglige Form mit kurzer Baulänge und scharfkantigem Düsenaustritt am geeignetsten. Über die Beziehungen zwischen Wassermenge, Betriebsdruck vor dem Regner, Düsenweite, Wurfweite, Feinheit der Tropfenbildung, Kultur- und Bodenart sind in **63** nähere Angaben und Schaulinien enthalten.

Zum Bewegen der Drehstrahlregner werden meist kleine Flügel- oder Turbinenrädchen benützt, die bei den Klarwasserregnern durch einen im Bogenstück zwischen dem Standrohr und dem Strahlrohr abgezweigten Nebenstrahl (Abb. 33 u. 37) und bei den Schmutzwasserregnern durch den Hauptstrahl bei seinem Austritt aus der Düse (Abb. 38 u. 39) angetrieben werden und die das Strahlrohr durch Schnecken-, Planeten- oder Kegelgetriebe in langsame Drehung versetzen. Der Wasserstrahl löst sich beim Auftreffen auf die Rädchen ganz oder teilweise in Tropfen auf, die die nähere Umgebung der Regner mit Wasser versorgen (Abb. 37 u. 38). Gegenüber den bisher erwähnten Bauweisen zeichnet sich der Michaelis-Propellerregner (Abb. 40) insofern durch besondere Einfachheit aus, als er ohne jegliches Zahnradgetriebe arbeitet. Er wird durch einen seitlich am Strahlrohr angebrachten zweiflügeligen Propeller bewegt, der bei Beginn der Beregnung von Hand angeworfen wird. Die Propellerflügel erhalten beim Durchgang durch den Wasserstrahl jedesmal einen Stoß, der

Abb. 39. Hüdig-Weitstrahlregner.

Abb. 40. Michaelis-Propellerregner.

den Propeller im Gange hält und der gleichzeitig das Strahlrohr ruckweise um ein kleines Stück weiterdreht. Außerdem sorgt der Propeller durch das Zerschneiden des Strahls für die Nahberegnung. Bei dem Perrot-Langsamregner (Abb. 41) setzt der aus dem Strahlrohr austretende Wasserstrahl einen Schwinghebel in Bewegung, der in Wechselwirkung mit einer an ihm angebrachten Torsionsfeder den Regner ruckartig in Umdrehung versetzt. Durch Verändern der Federspannung läßt sich die Zahl der Anschläge des Schwinghebels in der Zeiteinheit und damit die Umdrehungsgeschwindigkeit des Regners regeln. Die durch das zeitweise Eintauchen des Schwinghebels und eines an ihm angebrachten Keils hervorgerufene Strahlstörung sorgt für die Nahberegnung. Während alle bisher besprochenen Regner das Wasser ununterbrochen abgeben, ist die Michaelis-Regenkanone (Abb. 42) für stoßweisen Betrieb eingerichtet. Sie ist mit einem Speicherkessel ausgerüstet und kommt infolgedessen mit geringen Zuflußmengen und kleinen Querschnitten der Zulaufleitung aus. Die Füllzeit des Speicherkessels ist beliebig einstellbar. Ist in dem Kessel der für die gewünschte Wurfweite erforderliche Druck erreicht, so öffnet sich eine Absperrvorrichtung vor der Düse des Strahl-

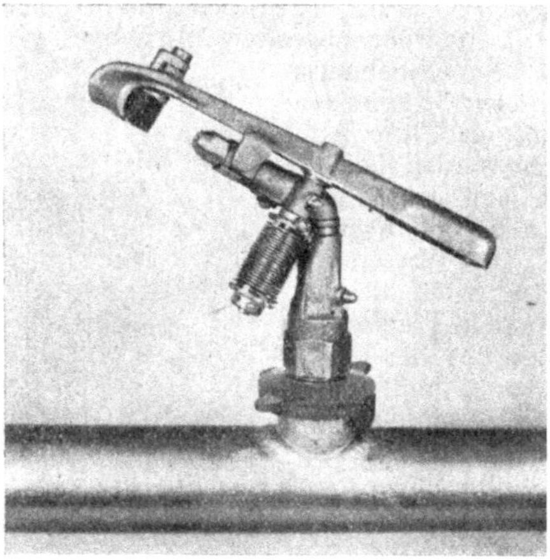

Abb. 41. Perrot-Langsamregner.

Abb. 42. Michaelis-Regenkanone.

rohrs, und die im Kessel zusammengepreßte Luft schleudert das aufgespeicherte Wasser schußartig aus dem Strahlrohr heraus. Bei jedem Schuß dreht sich das Strahlrohr ein kurzes Stück weiter. Da die herausgeschleuderte Wassermenge mit großer Wucht zu Boden fällt, eignet sich die Regenkanone nur für Grasland.

c) **Die Anordnung und der Betrieb der Regner.** Die von den einzelnen Düsen besprengten Flächen erhalten an den Rändern stets verhältnismäßig geringe Wassermengen. Um eine möglichst gleichmäßige Beregnung zu erzielen, müssen die Düsen daher so angeordnet werden, daß sich die Ränder der Streukreise überdecken. Hierzu eignet sich die Aufstellung im Verband gleichseitiger Dreiecke (Abb. 43) am besten,

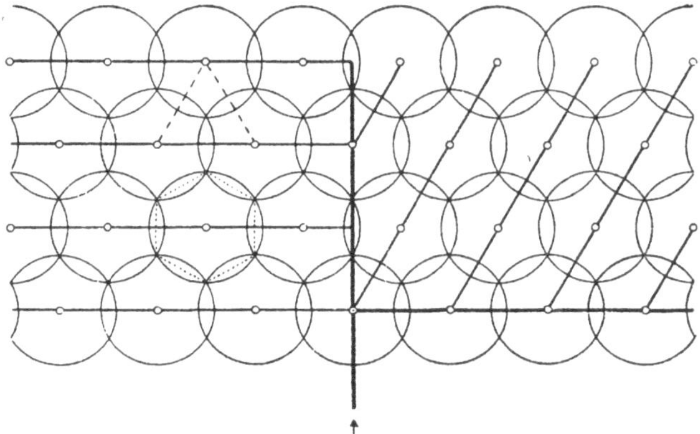

Abb. 43.

bei der sich je drei Benetzungskreise in einem Punkte schneiden, so daß wabenförmige Benetzungsflächen entstehen. Um auch bei Wind eine hinreichend gleichmäßige Beregnung zu erzielen und Fehlstellen zu vermeiden, ist dabei der Durchmesser der Benetzungskreise gleich der ungefähren nutzbaren Reichweite *R* des drehenden Strahls, d. i. bei Regnern mit Strahlregler zu 0,80—0,85 der Wurfweite (s. S. 49) und bei Regnern ohne Strahlregler oder mit wesentlich gestörtem Hauptstrahl zu 0,65 der Wurfweite anzunehmen. Der Dreiecksverband läßt sich mit Abzweigungswinkeln der Regnerleitungen von den Feldleitungen von 90°, 60° und unter Umständen auch von 30° erzielen.

Der Betrieb der Düsenflügel gestaltet sich verschieden, je nachdem man die Flügel nur auf einer oder auf beiden Seiten der Feldleitung arbeiten läßt. Ist die Feldleitung von einer Zapfstelle der Stammleitung aus in der Richtung auf die Grenze der Beregnungsfläche vorgestreckt, so wandert der Flügel beim einseitigen Betrieb (Abb. 44) von der Stammleitung aus auf der einen Seite der Feldleitung nach der Grenze der Beregnungsfläche und von dieser auf der andern Seite zurück zur Stammleitung. Die Zeit, die der Flügel dabei in einer Stellung verbleibt, richtet sich nach der gewollten Regenhöhe. Ist der Flügel wieder an der Stammleitung angekommen, so wird die Feldleitung an die nächste, um die doppelte wirksame Länge des Flügels entfernte Zapfstelle angeschlossen, und das gleiche Spiel beginnt von neuem.

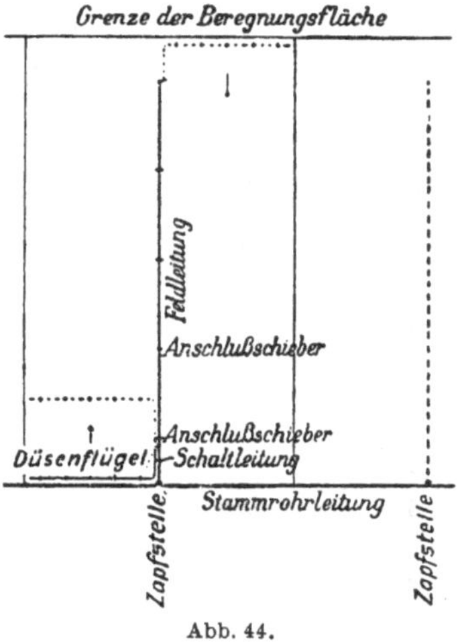

Abb. 44.

Die Anschlußschieber der Feldleitung sind in der Regel um ein Mehrfaches der nutzbaren Reichweite der Düsenflügel voneinander entfernt. Sie werden mit den Düsenflügeln durch eine Schaltleitung (Abb. 44) verbunden, die um die nutzbare Reichweite der Düsen kürzer ist als die halbe Entfernung der Anschlußschieber. Die Schaltleitung besteht aus leichten Schnellkupplungsrohren, wird unmittelbar neben der Feldleitung verlegt und mittels Bogenstücken an die Schieber der letzteren sowie an die Düsenflügel angeschlossen. Sie kann entbehrt werden, wenn in die Feldleitung für jede Stellung des Düsenflügels ein Anschlußschieber eingebaut wird.

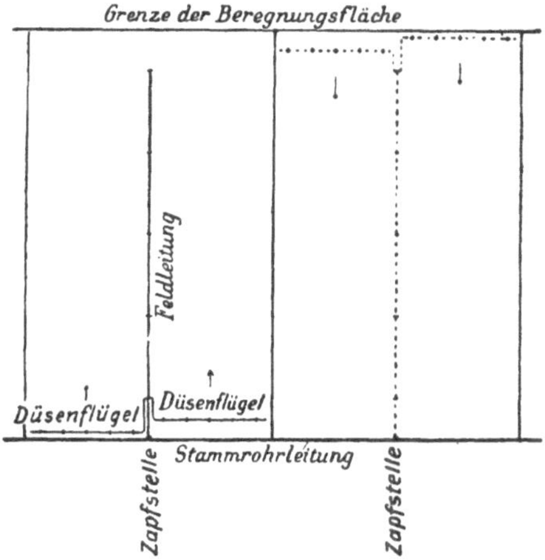

Abb. 45.

Beim einseitigen Betrieb muß über die Dauer jedes Vorrückens des Düsenflügels die Beregnung eingestellt werden. Jede Unterbrechung der Beregnung beeinträchtigt aber die Ausnützung der Maschinenkraft und damit die Wirtschaftlichkeit des Betriebs. Man ist daher bestrebt, die Regneranlagen so anzuordnen, daß ein ununterbrochener Betrieb möglich ist. Dies kann durch den wechselseitigen Betrieb oder durch Zusatzflügel erreicht werden.

Beim wechselseitigen Betrieb wird auf beiden Seiten der Feldleitung ein Düsenflügel aufgestellt und damit von der Stammleitung aus auf die Grenze der Beregnungsfläche zu

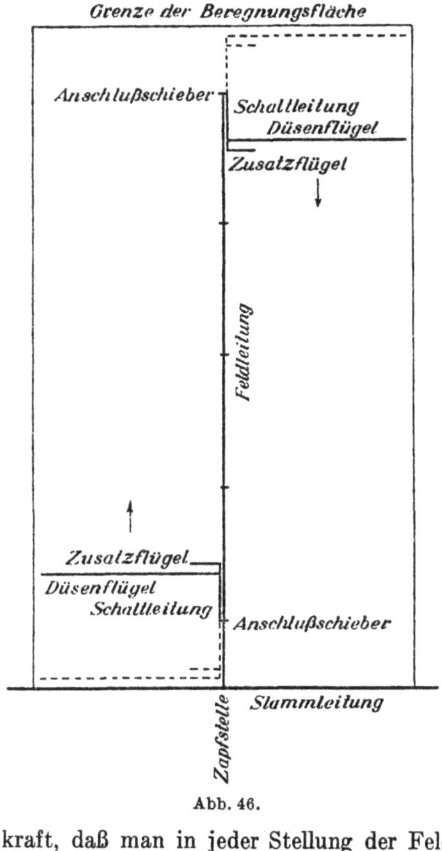

Abb. 46.

derart gearbeitet, daß abwechslungsweise immer der eine Flügel in Betrieb ist, während der andere vorwärtsgebracht wird (Abb. 45). In der nächsten Lage der Feldleitung wird dann in gleicher Weise von der Grenze der Beregnungsfläche nach der Stammleitung zurück gearbeitet, um bei der Umstellung den Weg, der mit den Beregnungsgeräten zurückzulegen ist, möglichst abzukürzen.

Der doppelseitige Betrieb (Abb. 46) gestattet dadurch eine wesentliche Ersparnis an Maschinenkraft, daß man in jeder Stellung der Feldleitung den einen Flügel in der Richtung von der Stammleitung gegen die Beregnungsgrenze und den anderen Flügel in umgekehrter Richtung arbeiten läßt, denn hierbei wird der größte in der Feldleitung auftretende Leitungswiderstand nur halb so groß, als wenn beide Flügel miteinander vorrücken und vom gleichen Stutzen der Feldleitung gespeist werden.

Zum Betrieb mit Zusatzflügel endlich wird der Düsenflügel durch Absperrschieber in mindestens drei gleiche Teile geteilt (Abb. 47) und außer dem Flügel selbst ein weiteres Teilstück, der sog. Zusatzflügel, benützt. Solange nun in jeder Stellung des Düsenflügels die in Abb. 47 mit ausgezogenen, gestrichelten und punktierten Streukreisen bezeichneten Teilstücke regnen, werden jeweils die in der Achse in gleicher Weise dargestellten Teile der nächsten Flügelstellung aufgebaut. Während also der äußere Teil des Flügels regnet, wird der Zusatzflügel, während der mittlere Teil regnet, der äußere und, während der innere Teil regnet, der mittlere Teil der neuen Flügelstellung aufgebaut, so daß diese fertig ist, wenn die Beregnung des inneren Teils der vorhergehenden Stellung beendet ist.

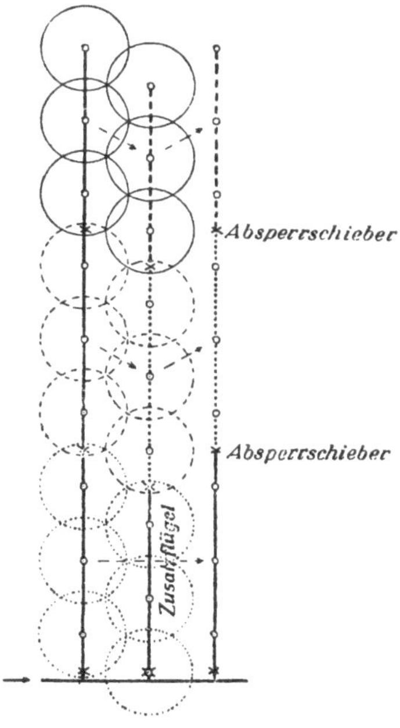

Abb. 47.

Der Betrieb und die Anordnung der Regnerflügel sind verschieden, je nachdem es sich um vollbewegliche, teilbewegliche oder ortsfeste Beregnungsanlagen handelt, d. h. um Anlagen, deren Leitungen sämtlich beweglich, zum Teil ortsfest oder ganz ortsfest sind.

Bei den voll- oder teilbeweglichen Anlagen kann

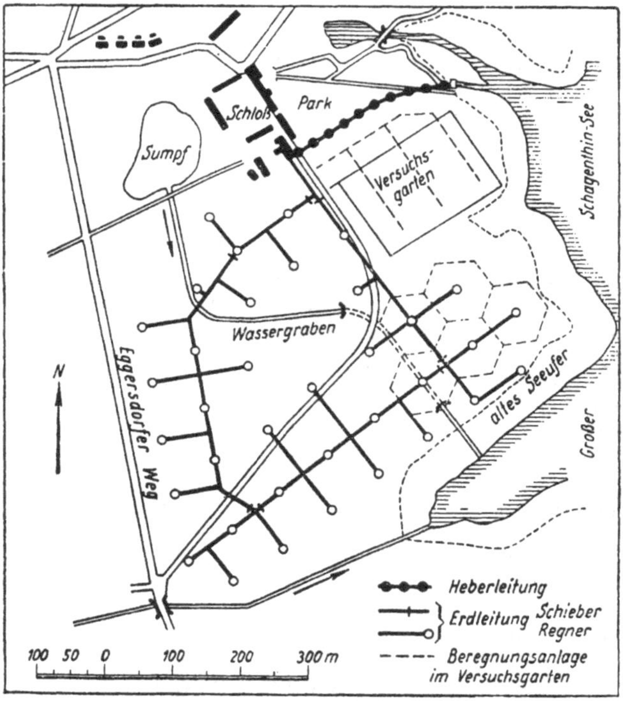

Abb. 48. Ortsfeste Groß-Feldberegnungsanlage des Rittergutes Schlagenthin in der Mark (57).

der Betrieb der Regnerflügel nach den gleichen Grundsätzen geregelt werden wie bei den Düsenflügeln. Ein Unterschied besteht nur insofern, als die Entfernungen der Leitungen bei den Regnerflügeln ihrer Reichweite entsprechend größer sind als bei den Düsenflügeln und als statt ganzer Düsenreihen nur eine der vorhandenen Maschinenkraft und Wassermenge angepaßte Anzahl von Regnern gleichzeitig in Betrieb ist.

Die ortsfesten Anlagen (Abb. 48) werden am besten so angeordnet, daß die unterirdische Hauptleitung einen Ring bildet, weil durch die doppelseitige Zuleitung des Wassers die Leistungsfähigkeit des Rohrnetzes erhöht wird. Auch empfiehlt es sich, die Ringleitungen durch Absperrschieber in Abteilungen zu zerlegen, um bei Betriebsstörungen einen Teil der Anlage ausschalten zu können. Von der Ringleitung werden unterirdische Stichleitungen so abgezweigt, daß von ihnen die ganze noch nicht von der Ringleitung versorgte Beregnungsfläche erfaßt wird. Die Rohrleitungen werden in Abständen, die der nutzbaren Reichweite der einzelnen Drehstrahlregner entsprechen, mit Zapfrohren ausgestattet, auf denen die Regner entweder fest angebracht sind oder den Bedürfnissen des Betriebs entsprechend umgesetzt werden. Die ortsfesten Anlagen mit fest eingebauten Regnern haben den großen Vorzug, daß sie, sobald die Pumpe läuft, an jeder beliebigen Stelle der Beregnungsfläche in Betrieb gesetzt werden können und daß mit ihnen rasch die ganze Fläche mit kleinen Regengaben versehen werden kann. Sie sind hauptsächlich für landwirtschaftliche Betriebe mit starker Bodennutzung geeignet. Wo eine ortsfeste Anlage mit Rücksicht auf die Kosten nicht sofort ausführbar ist, kann es sich empfehlen, die Anlage zunächst nur teilweise ortsfest auszubauen, dabei aber das feste Leitungsnetz so anzulegen, daß es zu einem späteren ganz ortsfesten Ausbau mitbenützt werden kann.

7. Die Rohrberieselung

Um an Betriebskosten zu sparen, werden die städtischen Abwasser außerhalb der Wachstumszeit nicht verregnet, sondern unter niederem Druck auf die Wässerfläche gebracht und dort unmittelbar aus der Schnellkupplungsleitung verrieselt. Die Leitung wird zu diesem Zweck zunächst auf ihre ganze Länge vorgestreckt und dann nach und nach abgebaut. Zur Verteilung des Wassers wird an ihrem Ende eine Prellscheibe angebracht. Voraussetzung für das Verfahren ist ein ziemlich gleichmäßiger Verlauf der Rieselflächen, damit sich nicht in einzelnen Mulden übermäßig viele Dungstoffe ablagern.

8. Die unterirdische Bewässerung

a) **Der Dräneinstau**. Wie man beim Grabeneinstau (s. S. 29) die entwässernde Wirkung offener Grabenanlagen durch Stauschleusen aufzuheben sucht, die man in den Hauptabzugsgraben einbaut, so baut man beim Dräneinstau in die offenen Vorflutgräben von Dränungen Stauschleusen ein, um damit den Wasserablauf nach Bedarf regeln und den Grundwasserstand heben oder ihn wenigstens am Absinken hindern zu können. Werden die Stauschleusen in die offenen Vorflutgräben von Dränungen eingebaut, deren Sauger ohne Sammler unmittelbar in die Vorflutgräben einmünden, wie dies bei der Dränung tiefgründiger Hochmoore häufig der Fall ist (s. S. 98), so spricht man von Grabenstaudränung.

b) **Die Stauverschlußdränung** (Ventildränung) setzt zum Zwecke der Regelung des Dränwasserabflusses in die Sammler von Volldränungen Stauverschlüsse (Ventile) ein. Um den Grundwasserspiegel nach dem Bedürfnis der angebauten Pflanzen in beliebiger Höhe festlegen zu können, ist es zweckmäßig, hierzu Stauschieber mit Überfall im Steigrohr zu verwenden (Abb. 49). Dem Umspülen der Stauverschlüsse wird dadurch vorgebeugt, daß man die Sammelstränge auf 3—5 m oberhalb und unterhalb aus Tonmuffenrohren herstellt, die mit Kitt (nicht Zement) gedichtet sind. Die Steigrohre sind so einzubauen, daß sie möglichst wenig über die Geländeoberfläche hervorragen und so weder die Bestellung hindern, noch zu mutwilliger Beschädigung locken.

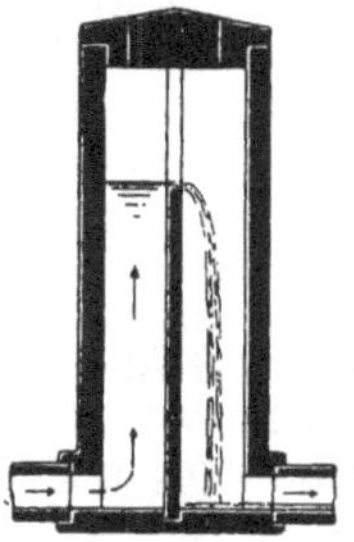

Abb. 49.

Die Stauverschlußdränung kann ebenso wie auch der Dräneinstau nur dort mit Erfolg angewendet werden, wo die Dränung zur Bekämpfung der schädlichen Folgen eines allzu reichlichen Zudrangs von Grund- und Schichtenwasser dient, denn nur hier ist während der Wachstumszeit ein Aufstau des Bodenwassers möglich. In allen jenen Dränungen aber, die in erster Linie die Verbesserung des Bodengefüges zum Zwecke haben, ist der Einbau von Stauverschlüssen aussichtslos, denn im Frühjahr müssen diese geöffnet werden, damit die durchlüftende und erwärmende Wirkung der Dränung zur Geltung kommen kann. In der Wachstumszeit aber ist dann kein Wasser zum Aufstauen mehr im Boden vorhanden, und auch das Niederschlagswasser kann hierfür nicht in Betracht kommen, weil es nur bei ausnahmsweise starken Niederschlägen bis in die Dräne gelangt, im übrigen aber, soweit es nicht verdunstet oder von den Pflanzen verbraucht wird, in den oberen Schichten des Bodens kapillar zurückgehalten wird.

c) **Die Dränbewässerung** sucht dadurch die Pflanzenwurzeln unterirdisch mit Wasser zu versorgen, daß sie in den Sammler einer als Querdränung angelegten und mit Stauverschlüssen ausgestatteten Dränabteilung von oben her Wasser einleitet. Allein die Dräne müssen, um den Pflanzenwurzeln das zugeleitete Wasser möglichst zugute kommen zu lassen, so hoch gelegt werden, daß Mißerfolge durch Verwachsungen nicht ausbleiben können. Auch hat das durch die Stauvorrichtungen am Abfluß in den Dränen gehinderte Wasser in erster Linie das Bestreben, dem Gesetze der Schwere folgend, in den Untergrund zu versinken. Die Dränbewässerung ist daher überall dort, wo nicht in geringer Tiefe eine undurchlässige Schicht im Boden vorhanden ist, mit einer großen Wasserverschwendung verbunden.

d) **Die Untergrundbewässerung nach Janert** sucht den Sickerverlusten dadurch vorzubeugen, daß sie dem Boden nur so viel Wasser zuführt, als er kapillar aufzunehmen und weiterzuleiten vermag. Dies geschieht mittels poriger Betonrohre, die mit einer nach Art des Maulwurfdränpflugs gebauten selbstfahrenden Maschine, dem sog. Rohrpflug, fugenlos im Boden selbst geformt werden. Die Rohre haben 3 cm Lichtweite und werden wie bei einer Volldränung parallel zueinander angeordnet. Sie erhalten je nach der Bodenart 0,4—0,5 m Tiefe und möglichst geringes Gefälle. Die Strangentfernung schwankt zwischen 1,5 und 3,0 m und ist um so enger zu wählen, je durchlässiger der Boden ist. Das Wasser wird den Bewässerungssträngen am oberen Ende aus einem Verteilrohr mittels dünner, beiderseits einbetonierter Röhrchen aus Blei, Aluminium oder Kupfer zugeführt. Am unteren Ende laufen die Bewässerungsstränge in sandigen Böden einfach blind aus. In schwereren Böden münden sie in einen gewöhnlichen, von Hand verlegten Dränsammler. Die Stränge sollen nicht vollaufen, sondern das Wasser soll in ihnen nur rieseln, so daß kein Überdruck entsteht, denn es soll nicht in den Boden gepreßt werden, sondern die Wasserzufuhr soll ganz der kapillaren Aufnahme- und Leitfähigkeit des Bodens angepaßt werden. Um das Rohr im Boden formen zu können, muß dieser vollkommen standfest sein, so daß er den Preßdruck der Formeinrichtung des Rohrpflugs aufzunehmen vermag. Weiche Böden eignen sich daher nicht zur Rohrpflugarbeit, wie auch zementgefährliche Böden und gewelltes Gelände für das Verfahren von vornherein ausscheiden. Das verwendete Wasser muß völlig rein sein, damit die Poren nicht zugeschlämmt werden. Inwieweit das Verfahren praktische Anwendung finden kann, müssen die eingeleiteten Versuche lehren.

e) **Der Petersensche Wiesenbau** vermeidet die der Dränbewässerung anhaftenden Mängel dadurch, daß bei ihm die Bewässerung selbst oberirdisch ausgeübt, ihre Wirkung aber dadurch erhöht wird, daß das in den Boden einsickernde Wasser durch eine Verschlußdränung zurückgehalten und der ganze Boden dadurch mit Wasser gesättigt wird. Auch er setzt jedoch zur vollen Wirkung eine gewisse Undurchlässigkeit des Untergrunds voraus.

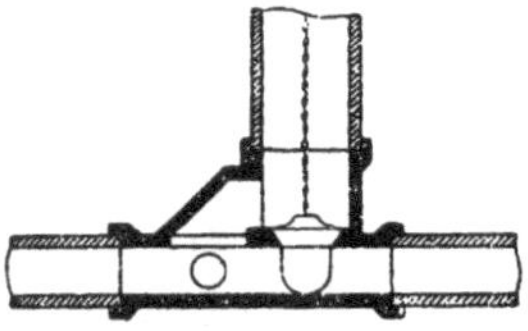

Abb. 50.

Die Dränabteilungen werden als Querdränungen hergestellt und erhalten, um die Wasserverhältnisse gut beherrschen zu können, nur mäßige Größe (1—4 ha). Die Stauvorrichtungen werden als Kegelverschlüsse gebaut (Abb. 50) und in Entfernungen von 50 m bzw. bei stärkerem Gefälle nach je 0,5 m Sohlgefälle in den Sammler eingesetzt. Zum Schutze gegen Umspülung und Beschädigung der Stauvorrichtungen werden die auf S. 60 erwähnten Vorkehrungen getroffen.

Bewässert wird aus einer Rieselrinne, die der höchsten Linie der Fläche entlang führt (Abb. 51). Auf der Fläche selbst sind in Abständen von 8—15 m Fangrinnen angelegt, die das abrieselnde Wasser auffangen und wieder gleichmäßig zum Überschlagen bringen.

Beim Betrieb werden zunächst alle Verschlüsse geschlossen. Hierauf wird die Fläche so lange bewässert, bis sie vollständig durchtränkt ist. Dies ist daran zu erkennen, daß das Wasser an ihrem unteren Ende oberirdisch abfließt. Nun werden die Verschlüsse in der Reihenfolge von unten nach oben nach und nach geöffnet. Dadurch wird dem im Boden gestauten Wasser der Abzug in die Dränstränge freigegeben. Der Stauwasserspiegel im Boden sinkt ziemlich rasch. Dabei entsteht in den nicht kapillaren Hohlräumen des Bodens eine Luftleere, die eine saugende Wirkung auf die oberirdische Luft ausübt. In der hierdurch hervorgerufenen starken Durchlüftung und Erwärmung des Bodens, die ihrerseits wieder die Oxydationsvorgänge kräftig fördern, liegt die wichtigste Wirkung des Verfahrens von Petersen. Diese Wirkung ist um so günstiger, je häufiger der Wechsel zwischen gründlicher Anfeuchtung und vollständiger Trockenlegung herbeigeführt wird. Trotz den genannten Vorzügen werden jedoch Petersensche Wiesenbauten zur Zeit kaum mehr ausgeführt.

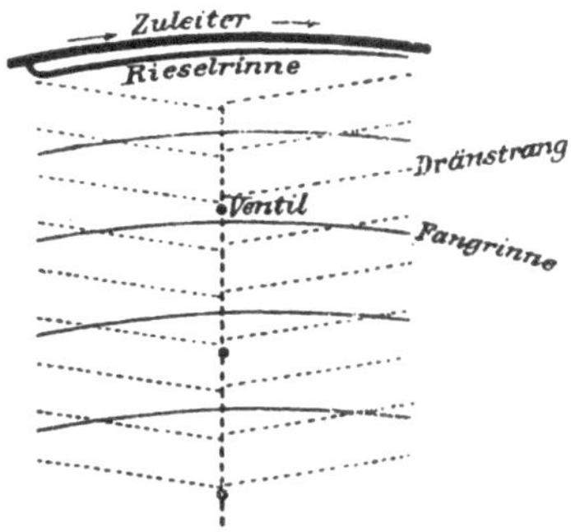

Abb. 51.

Stück 6.

Die Bewässerungsbedürftigkeit und der Wasserbedarf

1. Die Bewässerungsbedürftigkeit

Die Bewässerungsbedürftigkeit eines Gebiets hängt in erster Linie von der Höhe und der zeitlichen Verteilung der

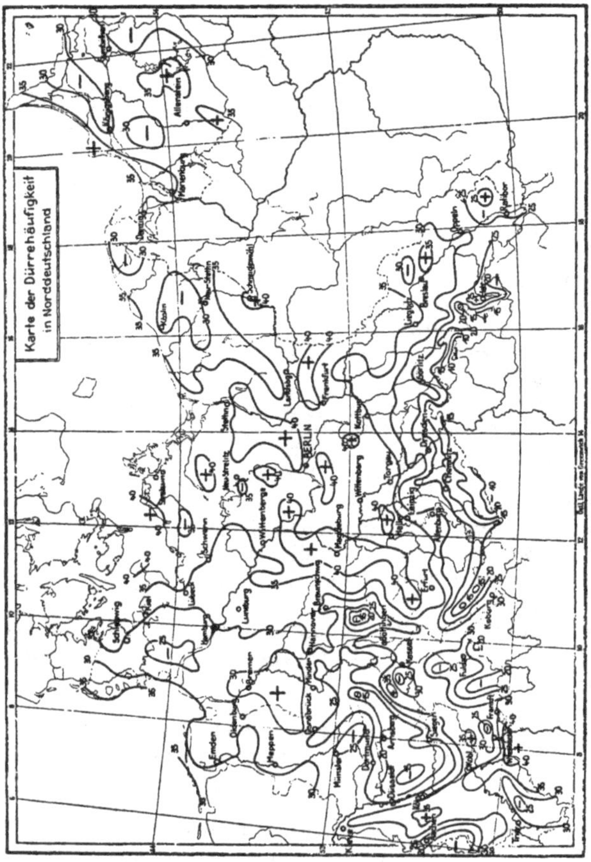

Abb. 52. Dürrehäufigkeitskarte für Norddeutschland von Wussow.

Niederschläge, von der Wärme und der Feuchtigkeit der Luft, von den Wind- und den Grundwasserverhältnissen und von der Bodenbeschaffenheit ab.

Einen Anhalt dafür, ob ein Gebiet nach seinen Niederschlagsverhältnissen bewässerungsbedürftig ist, bieten die Dürrehäufigkeitskarten, das sind Karten, in die Linien gleicher Dürrehäufigkeit eingezeichnet sind (Abb. 52). Unter Dürrehäufigkeit versteht man die aus einer möglichst langen Reihe von Beobachtungsjahren auf einen Zeitraum von zehn Jahren umgerechnete Zahl der an einem Ort innerhalb der Wachstumsmonate April bis September aufgetretenen Dürremonate. Als Dürremonate werden nach Zunker die Monate April und September dann angesprochen, wenn sie weniger als 50 mm, und die Monate Mai bis August, wenn sie weniger als 60 mm Niederschlag haben. In Anlehnung an schlesische Verhältnisse werden als bewässerungsbedürftig angesehen leichte Böden, wo mehr als 20, mittlere Böden, wo mehr als 25 und schwere Böden, wo mehr als 30 Dürremonate unter den 60 Wachstumsmonaten eines Zeitraums von 10 Jahren zu verzeichnen sind.

Der Ermittlung der Bewässerungsbedürftigkeit eines Gebiets aus der Dürrehäufigkeit haftet der Mangel an, daß bei ihr lediglich die Niederschläge und nicht auch die Verdunstungsgrößen berücksichtigt werden. Diesem Mangel begegnet Schildknecht mittels des von A. Meyer (51) entwickelten *N*-*S*-Quotienten, d. h. des Quotienten aus der Niederschlagshöhe und dem Sättigungsfehlbetrag der Luft. Schildknecht verfährt dabei so, daß er für die Wachstumsmonate April bis September über eine möglichst lange Reihe von Beobachtungsjahren die Quotienten aus dem Monatsniederschlag und dem wirklichen (absoluten) Sättigungsfehlbetrag der Luft berechnet, wobei er zur Ermittlung des letzteren der Einfachheit halber die mittlere Monatstemperatur und das Monatsmittel der anteiligen (relativen) Luftfeuchtigkeit verwendet. Ferner wird berechnet, wie oft die so ermittelten *N*-*S*-Quotienten durchschnittlich innerhalb eines Zeitraums von 10 Jahren bestimmte Grenzwerte unterschreiten. Die sich hierbei ergebenden Zahlen nennt er Befeuchtungszahlen. Diese werden in ein Koordinatensystem eingetragen, zu Befeuchtungslinien verbunden und mit Grenzwerten der Bewässerungsbedürftigkeit für humides Klima in Beziehung gesetzt, die von Schildknecht auf Grund umfangreicher amerikanischer Bewässerungsversuche festgestellt wurden. Diese Grenzwerte sind in Abb. 53 mit dünnen Linien einge-

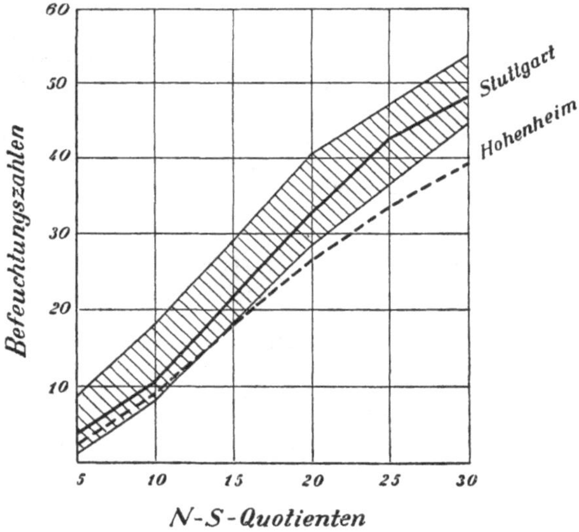

Abb. 53.

tragen. Das Grenzgebiet der Bewässerungsbedürftigkeit ist geschrafft. Die untere Grenzlinie gilt für starke, die obere für schwache Bodennutzung. Das Verfahren ist besonders dort wertvoll, wo es sich um Böden handelt, die nach der Dürrehäufigkeitskarte an der Grenze des bewässerungsbedürftigen Gebiets liegen. Es läßt sich aber nur dort anwenden, wo Wetterwarten, die auch die anteilige Feuchtigkeit der Luft bestimmen, in genügender Nähe liegen. Als Beispiele sind die Befeuchtungslinien von Stuttgart und Hohenheim stark ausgezogen und gestrichelt in die Abb. 53 eingetragen. Ihr Verlauf zeigt, daß das in der Höhe der Wetterwarte Stuttgart gelegene Gebiet nordwestlich der Stadt als bewässerungsbedürftig anzusprechen ist, wogegen die etwa 170 m höher gelegene Filderebene in der Umgegend von Hohenheim trotz gleich starker Bodennutzung schon kaum mehr für die Bewässerung geeignet erscheint

Auch die Befeuchtungslinien geben jedoch nur einen allgemeinen Anhalt für die Bewässerungsbedürftigkeit eines Gebiets. Die Bewässerungsbedürftigkeit der einzelnen Kulturen innerhalb eines Dürregebiets richtet sich neben den Boden- und den Grundwasserverhältnissen von Fall zu Fall ganz nach den angebauten Pflanzen. Diesen ist das Wasser dann zuzuführen, wenn sie den meisten Nutzen davon haben (s. **14**. 152); im übrigen muß man bestrebt sein, unter Berücksichtigung der Witterungserscheinungen optimale Feuchtigkeitsverhältnisse im Boden zu erhalten.

2. Der Wasserbedarf

Der Wasserbedarf ist abhängig vom Klima, von der Bodenbeschaffenheit, vom Bewässerungsverfahren, vom Bewässerungszweck und von dem Wasserbedürfnis der angebauten Pflanzen. Je wärmer und niederschlagsärmer die Gegend, je durchlässiger Bodenkrume und Untergrund und je umfassender die Entwässerungseinrichtungen eines Bewässerungsverfahrens sind, desto größer ist der Wasserbedarf. Am wenigsten Wasser braucht die Beregnung, weil bei ihr die Wassergaben gerade so bemessen werden können, daß keine Wasserverluste durch oberirdischen Abfluß oder Versickerung eintreten. Der Beregnung gebührt daher vom wasserwirtschaftlichen Standpunkte aus der Vorzug vor allen übrigen Bewässerungsverfahren. Die anfeuchtende Bewässerung kommt mit wesentlich geringeren Wassermengen aus als die düngende und diese wieder mit um so geringeren, je dungreicher das zur Verfügung stehende Wasser und je höher die Absorptionskraft des Bodens, d. h. dessen Gehalt an Ton und Humus ist. Die bodenreinigende Bewässerung bedarf besonders großer Wassermengen.

Das ideale Wasserbedürfnis der Hauptkulturpflanzen, d. h. der Gesamtbedarf in mm Wasserhöhe, der durch den Wasserverbrauch der Pflanzen und die Verdunstung des Bodens entsteht, ist nach Wohltmann in Deutschland auf mittleren Lehmböden das folgende:

Kulturart	In den Monaten							Zusammen jährlich
	Okt. bis März	April	Mai	Juni	Juli	Aug.	Sept.	
	mm	mm	mm	mm	mm	mm	mm	mm
Gerste	240	30	60	50	60	30	50	025
Kartoffeln u. Rüben	280	40	50	50	80	65	35	600
Wintergetreide . .	280	40	70	60	70	40	40	600
Hafer	280	40	70	70	80	40	50	630
Wiesen.	300	60	75	60	75	60	40	670
Weiden	320	60	70	70	90	90	70	770

Tafel 1.

Auf Sandböden wird es etwas größer, auf Tonböden etwas kleiner sein. Durch Vergleichen dieser Zahlen mit den wirksamen Regenmengen läßt sich im einzelnen Falle die zum Zwecke der Anfeuchtung den verschiedenen Kulturarten künstlich zuzuführende Wassermenge ungefähr beurteilen. Um die wirksamen Regenmengen zu erhalten, sind die örtlichen Niederschlagsmengen um die Verluste zu vermindern, die durch oberirdischen Abfluß und durch Versickerung in die für die Pflanzennutzung nicht mehr zugänglichen Schichten entstehen und die nach Werber zu 10—15% der Niederschlagsmengen zu schätzen sind.

Genaue Werte für den Wasserverbrauch lassen sich im Einzelfalle nur durch Bewässerungsversuche ermitteln. Zu solchen fehlen jedoch meist nicht nur die Mittel, sondern auch die Zeit. Man wird sich deshalb zunächst nach älteren unter ähnlichen Verhältnissen in der Nähe ausgeführten Anlagen umsehen, um aus ihnen unter gebührender Würdigung der besonderen örtlichen Verhältnisse Schlüsse auf den Wasserbedarf für die neue Anlage zu ziehen. Vielfach stehen jedoch solche älteren Anlagen nicht zur Verfügung, und man ist ent-

Bewässerungsart	Bewässerungsverfahren	Bodenart	Kulturart	Wasserbedarf	Lage der Bewässerungsfläche	Autor
Anfeuchtend	Staugrabenrieselung	schwerer Lehmboden	Wiesen	zweimalige, höchstens dreimalige Anfeuchtung mit je 140 mm Rieselhöhe	südlich Bamberg	Heuschmid
,,	,,	milder Lehmboden	,,	dreimalige Anfeuchtung mit 450 bis 500 mm Gesamtrieselhöhe	,,	,,
,,	,,	sandiger Lehmboden u. lehmiger Sandbod.	,,	4—5malige Anfeuchtung mit 660 bis 950 mm Gesamtrieselhöhe	,,	,,
,,	Beregnung	sehr leichter Sandbod.	Roggen	80 mm Kunstregenhöhe	Bromberg	Krüger
,,	,,	,,	Hafer	120 mm Kunstregenhöhe	,,	,,
,,	,,	,,	Kartoffel	150 mm Kunstregenhöhe	,,	,,
,,	,,	,,	Gemüse	240 mm Kunstregenhöhe	,,	,,
düngend, Flußwasser	Stauberieselung	Diluvialsand	Wiesen	14—19 l/s ha der gleichzeitig bewässerten Fläche	Hannover	Heß
,,	Natürlicher Hangbau	sehr durchlässiger Sandboden	,,	520—1040 mm Gesamtrieselhöhe bei 22 l/s ha Wasserzuführung	Tucheler Heide	Arendt
,,	Kunstwiesenbau	mittelschwerer Lehmboden	,,	50—60 l/s ha der gleichzeitig bewässerten Fläche	Siegen	Heinemann
,,	,,	gut durchlässiger Lehmboden	,,	100 l/s ha der gleichzeitig bewässerten Fläche	,,	,,
,,	,,	sandiger Lehmboden	,,	120—150 l/s ha der gleichzeitig bewässerten Fläche	,,	,,
,,	Petersenscher Wiesenbau	sandiger Lehmboden		8 l/s ha	Schleswig	Petersen
,,	,,	humoser feiner Sandboden	,,	15 l/s ha	,,	,,
düngend, städtisches Abwasser	sommers Beregnung, winters Berieselung	ziemlich dichter feinsandiger, humusarmer Lehm, z. T. mit Ton im Untergrund	,,	Beschickungshöhe bis 800 mm	Schlesien	Zunker
			Futterrüben	,, ,, 500 mm	,,	,,
			Weiden	,, ,, 450 mm	,,	,,
			Zuckerrüben	,, ,, 300 mm	,,	,,
			Getreide	,, ,, 100 mm	,,	,,

Tafel 2.

weder auf theoretische Erwägungen oder auf die im Schrifttum vorhandenen Angaben angewiesen.

Auf theoretischem Wege sucht Fischer in **33** zu dem Wasserbedarf für die einzelnen Bewässerungsverfahren zu gelangen, indem er als Grundlage die durch Feldversuch ermittelte Durchlässigkeit des zu bewässernden Bodens benützt.

Von den im Schrifttum verzeichneten Angaben über den Wasserverbrauch ausgeführter Bewässerungsanlagen sind in Tafel 2 die wichtigsten zusammengestellt, soweit sie sich auf deutsche Verhältnisse beziehen. Schonopp nimmt für die Verregnung städtischer Abwasser als Norm der jährlichen Beschickungshöhe bei Halmfrüchten 100 bis 120 mm, bei Hackfrüchten 200—300 mm, bei ganzjährigen Futterfrüchten und bei Grünland 300—400 mm an. Eine Zusammenstellung der bei Klarwasserberegnung für die wichtigsten Früchte in den Wachstumsmonaten anzustrebenden Gesamtregenmenge (natürliche und künstliche) gibt Freckmann in **64**. 13. Endlich hat Brouwer auf Grund seiner in Thüringen durchgeführten Versuche in **11** einen das ganze Jahr umfassenden Plan für die Beregnung mit städtischem Abwasser aufgestellt, aus dem für 16 verschiedene Fruchtarten die zweckmäßigsten Beregnungszeiten und Regenmengen entnommen werden können.

Bei der Bemessung der für eine Bewässerungsanlage erforderlichen Wassermenge sind die in den Zuleitern durch Versickerung und Verdunstung entstehenden Wasserverluste der für den Bewässerungszweck an sich notwendigen Wassermenge zuzuschlagen. Der Bestimmung der Verdunstungsverluste können die auf freien Wasserflächen beobachteten Verdunstungshöhen zugrunde gelegt werden. Diese betragen in Deutschland im Sommertag selten mehr als 6 mm und im Sommermonat höchstens 130—150 mm. Die Versickerungsverluste hängen in erster Linie von der Bodenbeschaffenheit ab. Sie betragen in sehr durchlässigem Boden und ohne Dichtung der Zuleiter bis zu 50% der durchgeleiteten Wassermenge, können jedoch durch sorgfältiges Dichten des Durchflußquerschnitts (vgl. S. 19) ganz bedeutend herabgesetzt werden, so daß der Gesamtverlust im Hauptzuleiter nach amerikanischen Erfahrungen günstigstenfalls auf 3% der durchgeleiteten Wassermenge herabgedrückt werden kann.

Bei der wiederholten Benützung des Wässerwassers sowie zur Berechnung des den unterhalb liegenden Triebwerksbesitzern durch Wasserentzug entstehenden Schadens ist es vielfach erwünscht, die durch Versickerung und Verdunstung auf der Fläche selbst verbrauchten Wassermengen festzustellen. Diese betragen nach den Versuchen von Heuschmid bei anfeuchtender Bewässerung in sehr trockener Zeit auf schwerem Tonboden $^1/_4$, auf mildem Lehmboden $^1/_3$, auf sandigem Lehm- und lehmigem Sandboden $^1/_3$—$^1/_2$, auf leichtem Sandboden über ½ der gegebenen Rieselhöhe. Dabei ist jedoch in Betracht zu ziehen, daß von dem versickernden Wasser ein mit der aufgeleiteten Wassermenge wachsender Anteil, allerdings mit erheblicher Verzögerung, als Grundwasser wieder in die Gewässer zurückkehrt. Bei der Beregnung ist der Wasserentzug ein vollständiger, da bei ihr nur so viel Wasser gegeben wird, als im Bereich der Pflanzenwurzeln zurückgehalten werden kann.

Die Wiederverwendung des Bewässerungswassers gestattet eine wesentliche Wasserersparnis. Sie ist jedoch nur dann möglich, wenn das Geländegefälle so groß ist, daß kein schädlicher Rückstau auf die oberhalb liegenden, schon bewässerten Flächen entsteht, oder wenn bei geringem Geländegefälle das Wasser genügend weit abwärts gelegenen Abteilungen zugeführt werden kann. Dadurch, daß im letzteren Falle das Wasser vor seiner Wiederverwendung einen weiteren Weg in offenem Graben zurücklegen muß, ist ihm übrigens erwünschte Gelegenheit gegeben, die bei der ersten Verwendung aufgenommenen pflanzenschädlichen Stoffe durch Ausscheiden der überschüssigen Kohlensäure, Aufnahme neuen Sauerstoffs und Oxydation der mitgeführten organischen Zersetzungsprodukte unschädlich zu machen. Die Wiederverwendung des Wassers kommt in erster Linie bei der düngenden Bewässerung in Betracht. Da aber das Wasser immer mehr an Dungkraft verliert, je öfter es wiederverwendet wird, so ist die Einrichtung so zu treffen, daß die zur Wiederverwendung vorgesehenen Flächen zeitweise auch unmittelbar mit frischem Wasser versorgt werden können. Ist dies nicht möglich, so sind die unteren Abteilungen entsprechend kleiner anzulegen derart, daß der geringere Gehalt des Wassers durch die größere auf die Flächeneinheit entfallende Menge ausgeglichen wird (Abb. 25 S. 42).

Um für die Flächeneinheit eine größere Wassermenge zur Verfügung zu haben und dadurch das Wasser gleichmäßiger verteilen zu können, sowie um trotz ununterbrochenen Wässerbetriebs eine zeitweise Trockenlegung der bewässerten Fläche und damit einen regelmäßigen Wechsel der Einwirkung von Wasser und Luft auf den Boden herbeizuführen, teilt man das Bewässerungsgebiet in einzelne Abteilungen ein, die man nacheinander mit der ganzen für das Gebiet zur Verfügung stehenden Wassermenge im Umlauf bewässert. Die Zahl der Abteilungen beträgt bei der düngenden Bewässerung 3—6, während sie bei der anfeuchtenden bis auf 15 steigt. Da das Abtrocknen bei den schwereren Bodenarten längere Zeit beansprucht als bei den leichten, so kommen die größeren Zahlen für die schwereren Bodenarten in Betracht. Beträgt z. B. die zur anfeuchtenden Bewässerung auf das ha der Gesamtfläche zur Verfügung stehende Wassermenge 3 l/s, wird das Wasser je nach einem Tag umgestellt und in 7fachem Umlauf bewässert, so wird jede der 7 Abteilungen der Fläche einen Tag lang mit 21 l/s ha bewässert und 6 Tage trockengelegt. Bei der Beregnung ergibt sich die Notwendigkeit des Betriebs im Umlauf schon daraus, daß Gründe der Wirtschaftlichkeit eine möglichst weitgehende Ausnützung der teueren Beregnungsgeräte erfordern.

Zur Berechnung der für die weiträumige Verwertung des städtischen Abwassers (s. S. 77) erforderlichen Fläche schlägt Kreuz vor, bei der Verrieselung für je 100 Einwohner und bei der Verregnung für je 50 Einwohner 1 ha vorzusehen.

Stück 7. **Die Ausübung der Bewässerung**

Oberster Grundsatz für die Ausübung der Bewässerung ist, die Grundstücke nach ausgiebiger Bewässerung stets wieder rasch und vollkommen trockenzulegen, damit Luft und Wärme Gelegenheit haben, möglichst tief in den Boden einzudringen und ihre oxydierende Wirkung auf die Pflanzennährstoffe auszuüben.

Vorauszuschicken ist ferner, daß in der Bewässerungstechnik das Oberflächen- und das Grundwasser im Gegensatz zum Abwasser der menschlichen Siedlungen sowie der gewerblichen und Fabrikbetriebe auch dann als Klarwasser bezeichnet wird, wenn es durch Schwebestoffe getrübt ist.

1. Die Wiesenbewässerung mit Klarwasser

Zur Bewässerung der Wiesen mit Bach-, Fluß-, See-, Quell- und Grundwasser sind außer der Furchenbewässerung, die sich bei ihr wegen der weitgehenden Zerstörung der Grasnarbe verbietet, alle in Stück 5 beschriebenen Bewässerungsverfahren geeignet. Am meisten werden für sie die Rieselverfahren benützt. Bei diesen kann man nach der Jahreszeit, in der sie ausgeübt werden, eine Herbst-, Frühjahrs- und Sommerbewässerung unterscheiden.

a) **Die Herbstbewässerung** ist in erster Linie eine düngende. Nicht allein sind Bäche und Flüsse im Herbst meist besonders dungreich, sondern auch die im Herbst auf die Wiesen aufgeleiteten Dungstoffe kommen am besten zur Geltung, da sie während des Winters Gelegenheit haben, sich zu zersetzen und in für die Pflanzen leicht aufnehmbare Form überzugehen. Die Herbstbewässerung beginnt nach dem letzten Schnitt und endigt, wenn die Gefahr der Eisbildung eintritt. Die Dauer der einzelnen Wässerungen nimmt mit dem Näherrücken des Winters mehr und mehr ab, um die Flächen rasch trockenlegen zu können, wenn starker Frost in Aussicht steht.

b) **Die Frühjahrsbewässerung** ist in erster Linie eine erwärmende. Sie beginnt nach Abgang des Schnees und ist einzustellen, sobald das Gras kräftig sproßt. Sie ist äußerst vorsichtig auszuführen, um den Boden nicht zu erkälten und das Pflanzenwachstum nicht künstlich zurückzuhalten, und soll nur dann ausgeübt werden, wenn das Wasser wärmer ist als die Luft, also vor allem in hellen, klaren Nächten, wo sie einen wirksamen Schutz gegen Spätfröste bildet.

c) **Die Sommerbewässerung** ist ausschließlich eine anfeuchtende. Sie dient dazu, die Pflanzen in Ergänzung der natürlichen Niederschläge mit der zur Erzielung von Höchsterträgen erforderlichen Wassermenge zu versorgen, und ist daher viel wichtiger als die düngende Bewässerung, denn die Dungstoffe können den Pflanzen auch in anderer Form zugeführt werden, während das Wasser unersetzlich ist. Sie wird je nach Bedarf sowohl zum ersten als auch zu den folgenden Schnitten gegeben und ist vor allem für die späteren Schnitte von außerordentlicher Wichtigkeit. Die späteren Schnitte sind ohne Bewässerung auf stark durchlässigen Bodenarten in trockenen Sommern vielfach ganz in Frage gestellt. Denn hier trocknet der durch den ersten Schnitt seiner schützenden Decke beraubte Boden sehr leicht so stark aus, daß sich entweder gar kein oder nur ein sehr mangelhafter Nachwuchs entwickelt.

2. Die Ackerbewässerung mit Klarwasser

Die Ackerbewässerung mit Klarwasser ist ausschließlich eine anfeuchtende. Sie geschieht mittels der Beregnung und der Untergrundbewässerung. Die Beregnung ist in Deutschlands Trockengebieten namentlich auf Sandböden ziemlich verbreitet. Die Ackergewächse haben den größten Wasserbedarf in der Zeit ihrer stärksten Entwicklung. Die vorteilhafteste Zeit zur anfeuchtenden Beregnung fällt deshalb bei der Winterfrucht in den Mai, bei der Sommerfrucht in den Juni und bei den Hackfrüchten in den Juli, den August und die erste Hälfte des September. (Näheres s. **14**.) Hieraus ergibt sich bei voll- oder teilbeweglichen Beregnungsanlagen zwecks bester Ausnützung von selbst eine Dreiteilung der Bewässerungsfläche. Die einzelnen Schläge werden dabei so angebaut, daß sie hintereinander beregnet werden können und daß die Beregnungsanlage erst dann auf den nächsten Schlag verlegt zu werden braucht, wenn der vorhergehende fertig beregnet ist. Beim Feldgemüsebau hat man sich den erhöhten Anforderungen anzupassen, welche die Gemüse gegenüber den gewöhnlichen Feldfrüchten an Beregnungszeit und Wassermengen stellen. Für alle Feldfrüchte aber ist die anfeuchtende Bewässerung außer in den Zeiten des Hauptwasserbedarfs auch in längeren regenlosen Zeiten nötig, um Wachstumsstockungen und Dürreschäden zu verhüten. Dies wird am vollkommensten mit ortsfesten Beregnungsanlagen erreicht, weil sie an jeder Stelle der Beregnungsfläche stets sofort eingesetzt werden können. Grundsätzlich ist der Regen zu geben, bevor die Pflanzen beginnen, unter Durst zu leiden. Die Beregnung wird einige Zeit vor der Ernte eingestellt, damit die Früchte ungestört ausreifen können.

Über den Einfluß der Wärme des Wassers auf den Erfolg der Beregnung herrscht noch keine völlige Klarheit; er scheint bei den einzelnen Pflanzenarten verschieden zu sein. Soviel wird jedoch schon jetzt gesagt werden können, daß die Wärme des Wassers bei kleinen Regengaben von untergeordneter Bedeutung ist, zumal sich kühles Wasser im Sommer beim Wege durch die Luft in der Regel um mehrere Grade erwärmt.

Von wesentlicherem Einfluß auf die Wirkung der Beregnung sind die Witterung und die Tageszeit. Bei bedecktem Himmel und bei kühler, feuchter und ruhiger Luft sind die Verdunstungsverluste erheblich geringer als bei heißem Sonnenschein und bei Wind. Sommers ist die Beregnung daher im allgemeinen in den Morgen- und Abendstunden wirksamer als tagsüber. Das gleiche gilt für die Nachtstunden, in denen zudem die Luft in der Regel weniger bewegt und daher die Verteilung des Kunstregens gleichmäßiger ist als bei Tag. Von Bedeutung kann dabei auch die Fähigkeit mancher Pflanzen sein, nachts Wasser unmittelbar durch die Blätter aufzunehmen (s. Teil I S. 47), so daß man bei der Nachtberegnung mit einer wesentlich geringeren Wassermenge den gleichen Erfolg erzielen kann wie bei Tag. Ferner bietet die Nachtberegnung dadurch wirtschaftliche Vorteile, daß durch die Einbeziehung der Nachtstunden in den Betrieb die Beregnungsanlagen vollkommener ausgenützt werden können und daß dort, wo die Pumpen elektrisch angetrieben werden, durch die Verwendung des billigen Nachtstroms die Betriebskosten herabgesetzt werden können. Demgegenüber ist jedoch der Nachtbetrieb auch mit allerlei Erschwernissen, die sich aus der mangelnden Übersichtlichkeit ergeben, und bei beweglichen Anlagen mit Flurschaden verbunden.

Um an Wasser zu sparen, ist es vorteilhaft, möglichst große Einzelgaben zu verabfolgen, weil dabei der Anteil, der in den Boden einsickert und dort zur Tränkung der Pflanzen aufgespeichert wird, im Verhältnis zu dem, der die oberirdischen Pflanzenteile benetzt und von hier oder von der Oberfläche des Bodens verdunstet, möglichst groß ausfällt. Versuche haben ergeben, daß man selbst auf Sandboden die Einzelgabe auf 30—40 mm steigern kann, ohne befürchten zu müssen, daß das Wasser bis unter den Bereich der Pflanzenwurzeln eindringt, also teilweise nutzlos versickert. Je größer die Einzelgaben, desto geringer sind überdies bei den beweglichen Anlagen die Betriebskosten, weil die Beregnungsgeräte dann seltener umgestellt zu werden brauchen. Man geht jedoch im allgemeinen mit den Einzelgaben nicht über 15—30 mm hinaus, wobei die kleineren Gaben für kaltes Grund- und Quellwasser und für kühles Wetter, die größeren für Oberflächenwasser und für warmes Wetter in Betracht kommen. Bei den ortsfesten Anlagen beschränkt man sich in der Regel auf Einzelgaben von 4—10 mm Höhe.

Die Regendichte soll bei Sandboden nicht stärker als 70 mm/h sein. Bindige, zur Verschlämmung und Verkrustung neigende Böden ertragen nicht mehr als 24 mm/h.

3. Die Grünlandbewässerung mit Abwasser

Die Bewässerung des Dauergrünlands mit Abwasser geschieht durch Überstauung, Berieselung, Beregnung und Rohrberieselung. Die Überstauung wird vorwiegend auf städtischen Rieselfeldern ausgeübt. Bei der Berieselung wird die natürliche Bauweise bevorzugt. Die Beregnung beschränkt sich auf die Wachstumszeit, außerhalb der letzteren bedient man sich, um an Pumpkosten zu sparen, der Rohrberieselung.

Das Grünland ist mit Ausnahme der Frostzeiten das ganze Jahr über für Abwasser aufnahmefähig und bildet deshalb das Rückgrat der landwirtschaftlichen Abwasserverwertung. Um der Gefahr einer Verbreitung der Rinderfinne und anderer Parasiten vorzubeugen, sollte jedoch das Grünland mindestens zwei Wochen vor jedem Schnitt oder dem Abweiden nicht mehr mit Abwasser beschickt werden. Ferner sollte man den abgemähten Wiesen nach jedem Schnitte und den kahlgefressenen Weiden nach jedem Abtrieb der Herde eine Woche Zeit lassen, um sich zu erholen, bevor mit der Bewässerung wieder begonnen wird. Bei den Wiesen geht man mit den Einzelregengaben im allgemeinen nicht über 20—30 mm hinaus. Für ihre Berieselung mit Abwasser gilt sinngemäß das unter Nr. 1 Gesagte. Bei den Dauerweiden kommt es darauf an, über die ganze Weidezeit einen möglichst gleichmäßigen Graswuchs zu erzielen. Sie erhalten daher häufig kleinere Regengaben von 4—15 mm Höhe. Die Regendichte darf bei Dauergrünland auch auf bindigen Böden verhältnismäßig groß sein.

4. Die Ackerbewässerung mit Abwasser

Die Ackerbewässerung mit Abwasser geschieht durch Furchenbewässerung, Überstauung, Beregnung und Rohrberieselung.

Die Furchenbewässerung und die Überstauung werden in erster Linie auf den städtischen Rieselfeldern angewendet. Diese sind sehr teuer, weil ihre Anlage umfangreiche Erdarbeiten und selbst in durchlässigen Böden eine gründliche Entwässerung durch Dränung erfordert und weil die Grunderwerbskosten in der Nähe der Städte hoch sind. Ihre Fläche ist infolgedessen meist sehr beschränkt. Sie werden daher in der Regel mit Dungstoffen, insbesondere mit Stickstoff, so überladen, daß von einer zweckmäßigen Ausnützung der im Abwasser enthaltenen Pflanzennährstoffe keine Rede sein kann. Die Folge der Überdüngung ist, daß das Getreide leicht lagert und die Körnerausbildung mangelhaft ist, daß das Blattwachstum der Hackfrüchte zu stark, die Knollenbildung und der Stärkegehalt der Kartoffeln zu gering und der Zuckergehalt der Rüben ungenügend ist und daß der Boden mit der Zeit verschlammt, das Bakterienleben in ihm notleidet und seine Erträge mehr und mehr zurückgehen.

Diese Nachteile werden durch die weiträumige Verwertung des Abwassers vermieden. Bei ihr wird das Abwasser durch Druckrohrfernleitungen in die weitere Umgebung der Städte befördert und seine Ausnützung den Landwirten überlassen, die zu diesem Zwecke zu Wasser- und Bodenverbänden (s. Teil I Seite 49 ff.) zusammengeschlossen werden. Für diese Art der Abwasserverwertung hat sich bei Ackergrundstücken neben der Furchenbewässerung vor allem die Beregnung als zweckmäßig erwiesen, denn sie gestattet eine vollständige Ausnützung der im Abwasser enthaltenen Pflanzennährstoffe, und zwar sowohl der Dungstoffe als auch des Wassers selbst, ohne daß eine Umformung oder eine Entwässerung der zu bewässernden Fläche erforderlich wäre.

Um den unregelmäßigen Anfall des Abwassers ausgleichen, sowie um den Beregnungsbetrieb nachts und Sonntags aussetzen zu können, wird bei kleineren Anlagen am Eintritt der Zuleitung in das Beregnungsgelände vielfach ein Ausgleichbecken eingeschaltet, das mit fester Sohle, festen Wänden und einer Spülvorrichtung versehen wird, um die abgesetzten Schwebestoffe aufzuwirbeln, bevor die Beregnung wieder in Gang gesetzt wird. Über die Bemessung solcher Ausgleichbecken s. 81. Weil das Abwasser hierbei an Frische einbüßt und infolgedessen bei seiner Verregnung Geruchsbelästigungen eintreten, hat Kreuz vorgeschlagen, das in der Nacht und an Sonn- und Feiertagen anfallende Abwasser auf Grünland zu verrieseln. Näheres s. 45.

Da der größte Nährstoffbedarf der Ackergewächse zeitlich mit ihrem größten Wasserbedarf zusammenfällt, so gilt das unter Nr. 2 über die vorteilhafteste Zeit der Beregnung der Äcker mit Klarwasser Gesagte grundsätzlich auch für die Beregnung mit Abwasser. (Näheres s. 11.) Ebenso gilt für die letztere das dort über den Einfluß der Witterung und der Tageszeit, über die Höhe der Einzelgaben und über die Regendichte Ausgeführte. Die jährliche Gesamtmenge an Abwasser wird dem Stickstoffbedarf der einzelnen Kulturen angepaßt.

Aus gesundheitlichen und ästhetischen Gründen sollten alle Gewächse, welche roh gegessen werden können, wie Salate, Erdbeeren, Gurken, Radieschen und Möhren, während des Wachstums überhaupt nicht, Blumenkohl nur bis zum Beginn der Blüte, Weiß- und Wirsingkohl nur bis zum Schließen der Köpfe und Speisekartoffeln nur bis zur Beendigung der Blüte mit Abwasser beregnet oder in Berührung gebracht werden. Im übrigen sind die genannten Pflanzen nach Bedarf mit Klarwasser zu versorgen. Siedlungen, Verkehrsstraßen, Bahn- und Wasserversorgungsanlagen sowie beweidete Grünflächen, Obst-, Wein- und Gemüsegärten dürfen bei der Beregnung von Nachbarflächen durch versprühtes Abwasser nicht getroffen werden (**23**).

Außerhalb der Wachstumszeit werden die Äcker nur dann mit Abwasser beregnet, wenn sie eine Pflanzendecke tragen. Dabei muß man sich davor hüten, im Herbst mit der Beregnung zu lange fortzufahren, damit die Pflanzen sicher abgetrocknet sind, bis Frost eintritt. Die in rauher Furche liegenden Flächen werden winters zum Zwecke der Vorratsdüngung durch Rohrberieselung, Furchenbewässerung oder Flachstrahlregner, die nur einen ganz schwachen Druck brauchen, mit Abwasser versorgt. Dabei ist darauf zu achten, daß das Abwasser möglichst gleichmäßig auf die ganze Ackerfläche verteilt wird und daß nicht die feinen Teilchen der Ackerkrume ausgespült werden oder gar die Krume selbst weggeschwemmt wird. Mehr als 200 mm Abwasser sollten hierbei jedoch nicht auf die Ackerflächen gebracht werden.

Für die düngende Ackerbewässerung ist alljährlich ein nach den Bedürfnissen der angeschlossenen Wirtschaften sorgfältig ausgearbeiteter Bewässerungsplan aufzustellen, in den auch die Grünlandflächen einzubeziehen und in dem die Bewässerungszeiten und die Wassermengen für die einzelnen Flächen genau festzulegen sind.

5. Die Obstbewässerung

Die Bewässerung der Obstanlagen ist in erster Linie eine anfeuchtende, doch wird sie auch zur Düngung ausgeübt. Die anfeuchtende Bewässerung der Obstbäume hat vor allem den Zweck, in der Zeit des Wachstums und des Reifens der Früchte dem Verkümmern und dem vorzeitigen Abfall des Obstes vorzubeugen und den für seine gute Entwicklung erforderlichen Nachschub an Wasser zu sichern. Die zur anfeuchtenden Bewässerung von Obstanlagen jährlich erforderderliche Kunstwasserhöhe ist nach Krüger in unserem Klima im Durchschnitt der trockenen Jahre auf 60 mm zu schätzen. Befinden sich zwischen den Baumreihen Unterkulturen, so erhöht sich der Wasserbedarf auf mindestens das Doppelte. Weinkulturen bedürfen nach Klenk im süddeutschen Klima 50 bis 100 mm Zusatzregen, um den optimalen Wasserbedarf der verschiedenen Rebensorten zu decken.

Die Obstbewässerung geschieht durch Überstauung, Furchenbewässerung oder Beregnung. Zur Überstauung bedient man sich zwecks möglichster Einschränkung des Wasserverbrauchs kleiner, mit dem Pfluge hergestellter Becken (s. S. 33). Die Furchenbewässerung kommt bei Beerenobst und bei Unterkulturen zur Anwendung. Wo das Wasser in Gerinnen aus Holz oder Beton zugeleitet wird, werden diese zur Wasserverteilung an den Rieselfurchen mit Randeinschnitten oder Rohrstutzen versehen, deren Ergiebigkeit durch Schieber geregelt werden kann (Abb. 3, S. 20). Die Beregnung wird bei Weinkulturen und niedrigen Obstanlagen angewendet. Bei Anlagen mit hohen Obstbäumen bleibt sie auf die Unterkulturen beschränkt, weil bei ihr von den Baumkronen zu viel Wasser aufgefangen wird und durch Verdunstung nutzlos verloren geht. Hohen Bäumen wird das Wasser vielmehr durch Schnellkupplungsrohre zugeleitet, die von den Regnerleitungen der Unterkulturen abgezweigt werden und in die oben genannten kleinen Staubecken münden. Besser ist es noch, das Wasser in Rinnen versickern zu lassen, die etwa unter der Traufkante des Blätterdachs kreisförmig um die Bäume herumgezogen werden, weil sich dort die feinen Faserwurzeln befinden, mit denen die Bäume ihre Nahrung aufnehmen.

6. Die Frostschutzberegnung

Um hochwertige Kulturen, wie Weinreben, Aprikosen, Pfirsiche, feine Apfel- und Birnensorten, Erdbeeren, Frühkartoffeln, Buschbohnen und Tabak vor den oft verheerenden Folgen der im Frühjahr und Herbst häufig auftretenden Spät- und Frühfröste zu schützen, macht man sich die beim

Gefrieren des Wassers frei werdende Erstarrungswärme von 80 Kalorien je Gramm Wasser zunutze, und zwar wird ausschließlich Klarwasser verwendet. Dieses wird bei Frost unausgesetzt und lückenlos in einer Dichte von 1,5 bis 2.5 mm/h

Abb. 54.

über der zu schützenden Fläche verteilt. Das an den Pflanzen anhaftende Wasser gefriert, und der dabei entstehende Eispanzer (Abb. 54) bewahrt Pflanzen und Blüten vor einer Abkühlung unter —0,5° C und schützt sie damit je nach der Geländegestaltung, der Art des Frostes (Strahlungsfrost oder

Abb. 55.

Windfrost) und der gegebenen Regendichte bis zu einer Lufttemperatur von —8° C vor dem Erfrieren. Bei den Weinreben kann jedoch nach Brouwer ein sicherer Frostschutz durch Beregnung erst dann erwartet werden, wenn an ihnen ein bis zwei Blättchen mindestens fünfmarkstückgroß auf $^2/_3$ der Rebfläche entfaltet sind.

Um die Frostschutzberegnungsanlagen stets einsatzbereit zu haben, werden sie ortsfest hergestellt. Sie müssen die ganze zu schützende Fläche lückenlos bedecken. Bei der Weinbergberegnung (Abb. 55) wird die Stammleitung in der Regel unterirdisch verlegt. Die Regnerflügel werden auf 2 m hohen Pfosten den Hang entlang geführt. Sie erhalten 18 bis 21 m Abstand und die auf ihnen im Dreiecksverband angebrachten Regner einen solchen von 24 m. Bei Anlagen am Berghang werden die Regner mit Neigung gegen die Talseite angebracht, damit bei ihrer Drehung der Strahl bergwärts nicht allzusehr verkürzt wird. Die zur Frostschutzberegnung verwendeten Langsamregner sollen eine Umdrehungszeit von höchstens 1 Minute haben. Die Zahl der Anschläge des Schwinghebels muß so hoch sein, daß innerhalb der nutzbaren Wurfweite keine unterberegneten Stellen auftreten. Bei Verwendung von Düsen mit 4,0—5,0 mm Weite ist ein Betriebsdruck von 3,5 bis 5,0 atü erforderlich.

Mit der Frostschutzberegnung ist zu beginnen, wenn bei stetig abnehmender Temperatur die Luft in Höhe der zu schützenden Pflanzenteile 0°C erreicht hat. Sie ist ununterbrochen so lange fortzusetzen, bis nach Aufhören des Frostes das Eis von den zu schützenden Pflanzen vollkommen abgetaut ist. Voraussetzung für den Erfolg ist ferner ein gut organisierter Frostwachdienst.

Da der Wasserverbrauch der Frostschutzberegnung verhältnismäßig groß und das natürliche Dargebot an Wasser in der Regel klein ist, werden meist Speicherbecken erforderlich. Ihre Größe ist so zu bemessen, daß ihr Inhalt unter Berücksichtigung des natürlichen Zuflusses genügt, um in vier aufeinanderfolgenden Frostnächten 8 Stunden lang zu regnen.

Stück 8. Die Pflege der Bewässerungsanlagen

Die Wiesenbewässerungsanlagen bedürfen, wenn sie richtig wirken und nicht einem baldigen Verfall entgegengehen sollen, der sorgfältigsten Unterhaltung und Pflege. Da bei den einzelnen Grundbesitzern vielfach das nötige Verständnis und manchmal auch die Lust dazu fehlt, so sind zur Besorgung dieser Arbeiten sowie zu einer geordneten, bei größeren Anlagen nach einem besonderen Stundenplan zu regelnden Wasserverteilung besondere Wiesenwärter aufzustellen, und zwar je einer für 25—40 ha.

Je vor Beginn der Wässerzeiten müssen sowohl die Bewässerungs- als auch die Entwässerungsgräben und -rinnen ausgeräumt und der Auswurf verteilt werden. Dabei ist besonders darauf zu sehen, daß die erforderlichen Durchflußquerschnitte erhalten bleiben, doch muß man sich in durchlässigem Boden hüten, eine auf dem Grabenumfang abgelagerte dichtende Schlammschicht zu zerstören. Auch ist auf die sorgfältigste Unterhaltung der Überschlagkanten der Rieselrinnen und -gräben zu achten. Die in ihnen vorhandenen Maus- und Maulwurfslöcher und sonstigen undichten Stellen sind sorgfältig zu dichten. Die Schleusen sind nachzusehen und, wo sie nicht dicht schließen, auszubessern. Alle Unebenheiten berieselter Flächen, wie z. B. Maulwurfshaufen, sind zu beseitigen, um dem abrieselnden Wasser keine Hindernisse zu bieten und damit die Gleichmäßigkeit der Wasserverteilung zu stören. Aus demselben Grunde ist auch darauf zu sehen, daß das Gras möglichst gleichmäßig abgemäht wird.

Nach dem Abstellen der Bewässerung darf in den Gräben und Rinnen kein Wasser mehr geduldet werden. Auch sind sämtliche Schleusen zu ziehen und die Staubretter und die Stechschützen gut zu verwahren. Hierzu werden zweckmäßig kleine verschließbare Schuppen aus Brettern oder Latten mit Zinkblech- oder Dachpappenabdeckung auf der Bewässerungsfläche erstellt (Abb. 1 S. 15).

Bei den Bestellungs- und Erntearbeiten ist jegliche Beschädigung der Bewässerungseinrichtungen zu vermeiden. Vor allem sind mit den Wagen die besonders vorgesehenen Heufahrten zu benützen. Über die Gräben und Rieselrinnen darf nicht gefahren werden. Künstlich umgebaute Flächen sollten überhaupt nicht befahren werden, um nicht durch die hierbei sich bildenden Geleise den gleichmäßigen Wasserablauf zu stören. Läßt sich das Befahren nicht vermeiden, so sind vor jeder Bewässerung die Geleise mit dem anfallenden Grabenausschlag sorgfältig einzuebnen. Auch sollten die Kunstwiesen wegen des durch den Tritt der Weidetiere verursachten Schadens nicht beweidet werden. Bei den mit Abwasser beschickten Weiden empfiehlt sich die Aufteilung der Flächen in kleine Koppeln, damit durch einen häufigen Umtrieb der Eiweißgehalt der jungen Gräser möglichst ausgenützt wird.

Auf bewässerten Ackerflächen empfiehlt es sich, der Bewässerung eine gründliche Lockerung der Oberflächenschicht durch Eggen oder Behacken folgen zu lassen, um die Bodenverdunstung herabzusetzen und dadurch die Wassergaben den Pflanzen möglichst lange zu erhalten. Vor allem ist eine solche auf den bindigeren Bodenarten angezeigt, um die auf ihnen leicht eintretende Verkrustung zu beseitigen. Bei der Furchenbewässerung, wo die Rieselfurchen bei jeder Bestellung wieder frisch hergestellt werden müssen, ist darauf zu sehen, daß dort, wo bei der einen Bestellung die Furchen lagen, bei der nächsten die Beete zu liegen kommen und umgekehrt. Bei Halmfrüchten werden die Rieselfurchen am besten quer zu den Drillreihen und erst dann gezogen, wenn die Saat aufgegangen ist. Bei der düngenden Ackerbewässerung ist der Bekämpfung des Unkrauts besondere Aufmerksamkeit zu schenken. Um seiner Verbreitung vorzubeugen, sind die Böschungen und Dämme der Zuleitungsgräben vor der Samenreife des Unkrauts abzumähen. Auf mit Abwasser beregneten Äckern soll das Getreide nicht zu dicht gesät werden, um die Gefahr des Lagerns zu vermindern; auch sind möglichst lagerfeste Sorten zu wählen, wie überhaupt die richtige Sortenwahl bei den Feldfrüchten für den Erfolg der Beregnung von großer Bedeutung ist. Bei den Beregnungsanlagen von Wasser- und Bodenverbänden ist der gesamte Betrieb in die Hand fest angestellter Personen zu legen, die bei größeren Verbänden außer durch den Vorsteher durch einen Sachverständigen zu überwachen sind.

Um einem vorzeitigen Verschleiß der Beregnungsanlagen vorzubeugen, sind diese nicht nur während des Betriebs, sondern auch außerhalb desselben pfleglich zu behandeln. Wird der Betrieb im Herbst eingestellt, so sind die Pumpen sowie die unterirdischen Rohrleitungen zu entleeren, um sie vor dem Einfrieren im Winter zu schützen. Alle beweglichen Teile der Beregnungsanlagen sind den Winter über geordnet in einem verschlossenen Raume zu lagern. Vorher sind die Pumpen, die Regner und die oberirdischen Rohrleitungen sorgfältig zu reinigen. Alle Metallteile sind, soweit dies nicht vom Fabrikanten ausdrücklich verboten ist, einzufetten. Eiserne Rohre sind innen und außen mit einem Schutzanstrich von Inertol zu versehen. Aus eisernen Kupplungen sind die Dichtungsringe herauszunehmen und gesondert an einem kühlen, feuchten Ort aufzubewahren. Schadhafte Teile der Regenanlage sind sofort auszubessern oder zu erneuern, damit diese im Frühjahr wieder voll einsatzbereit ist.

Jede Bewässerung muß mit einer ausgiebigen, den örtlichen Verhältnissen angepaßten Düngung verbunden sein, wenn sich der Erfolg in einer dauernden Ertragssteigerung äußern soll. Bei der anfeuchtenden Bewässerung ist dies nach dem Wirkungsgesetz der Wachstumsfaktoren (s. Teil I, S. 43) ohne weiteres klar, denn der durch die Bewässerung angeregte reichlichere Pflanzenwuchs würde selbst beim nährstoffreichsten Boden bald eine völlige Erschöpfung an Pflanzennährstoffen hervorrufen, wenn diese nicht durch eine angemessene Düngerzufuhr ergänzt würden. Nicht so ohne weiteres einleuchtend ist es, daß auch bei der düngenden Bewässerung noch eine Zusatzdüngung gegeben werden soll. Allein auch hier stellt sich das Düngerbedürfnis klar heraus, wenn wir uns die Beschaffenheit des Wässerwassers näher ansehen. Dieses ist niemals mit einem vollkommenen Gemisch von Dungstoffen beladen, sondern je nach seiner Herkunft ist der eine oder der andere Pflanzennährstoff in überwiegender Menge vorhanden. Je nach der Beschaffenheit des Wassers und des Bodens wird deshalb in kurzer Zeit der eine oder der andere Pflanzennährstoff nicht mehr in genügender Menge vorhanden sein und daher durch Zusatzdüngung zugeführt werden müssen. Vor allem scheint trotz des verhältnismäßig hohen Gehalts des städtischen Abwassers an Stickstoff und Kalk wegen der bei seiner Verregnung und Verrieselung eintretenden Verdunstungs- und Versickerungsverluste (s. S. 13) eine Zusatzdüngung mit diesen beiden Nährstoffen erforderlich zu sein. Über das Bestmaß der Zusatzdüngung können jedoch im einzelnen Falle nur Düngungsversuche näheren Aufschluß geben.

Stück 9. **Die Erfolge der Bewässerung**

1. Die Erfolge der Wiesenbewässerung mit Klarwasser

Die bei der Wiesenbewässerung mit Klarwasser erzielte Ertragssteigerung ist je nach dem Bewässerungsverfahren, der Art der Ausübung der Bewässerung, der Wassermenge, der Wasserbeschaffenheit, den örtlichen Klima- und Bodenverhältnissen und der Pflege der Grundstücke sehr verschieden. Allgemein gültige Zahlen lassen sich daher für sie überhaupt nicht angeben. Es kann nur gesagt werden, daß man in der Regel eine Verdopplung der Erträge in Aussicht nehmen kann. In besonders günstigen Fällen können diese jedoch auch auf das Drei- und Mehrfache gesteigert werden. Während nämlich der Dürrfutterertrag nicht bewässerter Wiesen 30 dz/ha oft nicht erreicht, ergeben z. B. die Kunstwiesen des Siegerlandes in 3 Schnitten folgende Erträge an Dürrfutter:

in guten Lagen . . . . 150 dz und mehr vom ha,
in mittleren Lagen . . 75—100 dz/ha,
in schlechten Lagen. . 40—50 dz/ha.

Die Erträge der Petersenschen Wiesen steigen bis zu 250 dz/ha Dürrfutter. Die Beregnung der Wiesen mit Klarwasser erhöht zwar deren Wuchsfreudigkeit und vermag nach den Versuchen von Freckmann selbst in niederschlagsreichen Jahren den Ertrag an Dürrfutter bis um 60% und den Ertrag an Eiweiß sogar bis um 75% zu steigern. Sie ist aber trotzdem nur selten wirtschaftlich und beschränkt sich daher in der Regel auf Parkrasen, Sport- und Flugplätze. Aussichtsreicher ist die Beregnung der Weiden mit Reinwasser. Mit ihr erzielte Frölich in der Gegend von Halle bei sachgemäßer Düngung und Pflege einen Besatz von 1550 kg/ha Lebendgewicht, d. h. das 1,4fache der Besatzstärke guter ostfriesischer Marschweiden.

2. Die Erfolge der Ackerbewässerung mit Klarwasser

Der Wert der Ackerbewässerung durch Beregnung mit Klarwasser liegt vor allem in der Sicherung und Steigerung der Erträge der beregneten Grundstücke. Am besten sprechen die Hackfrüchte, die Futterpflanzen und von den Gartengewächsen Bohnen, Kohl, Sellerie und Erdbeeren auf sie an. Bei Wintergetreide lohnt die anfeuchtende Beregnung mit Klarwasser nur wenig. Vom Sommergetreide sind besonders Hafer und Gerste für sie dankbar. Die durch sie bewirkte Ertragssteigerung der Ackergewächse beträgt im Durchschnitt etwa 40%. In trockenen Jahren können jedoch erheblich größere Ertragssteigerungen mit ihr erzielt werden; sie können bis über 200% betragen. In Dürrejahren haben sich Klarwasserberegnungsanlagen in einer Anzahl von Fällen durch geschickten Einsatz schon im ersten Jahre des Betriebs bezahlt gemacht.

Zu der mengenmäßigen Steigerung der Erträge tritt in der Regel eine Verbesserung der Beschaffenheit der beregneten Früchte hinzu, die sich bei den Zuckerrüben und den Kartoffeln in einer Erhöhung des Zucker- und des Stärkegehaltes äußert. So hat z. B. Krüger bei seinen bahnbrechenden Beregnungsversuchen, die er in Bromberg auf leichtem bis schwach lehmigem und humosem Sandboden durchführte, bei Kartoffeln im trockenen Jahre 1909 mit 110 mm Zusatzregen und im dürren Jahre 1911 mit 280 mm Zusatzregen die in Tafel 3 verzeichneten Mehrerträge erzielt.

Von betriebs- und volkswirtschaftlich gleich hoher Bedeutung ist es ferner, daß die anfeuchtende Beregnung mit Klarwasser gestattet, nach Früchten, die bis Mitte Juli das Feld räumen, wie z. B. nach Frühkartoffeln, mit sicherem Erfolg eine Zweitfrucht anzubauen und dadurch die sommerliche Wärme und die zur Zeit der Aberntung der Vorfrucht vorhandene Bodengare auszunutzen. Als Zweitfrüchte kommen neben Grünfuttergemenge, Mais und Sonnenblumen zur Gärfutterbereitung, in erster Linie Möhren, Buschbohnen, Grünkohl und Flachs in Betracht.

Jahr	Niederschlag April bis Juli	Frucht	Ertrag von 1 ha			Mehrertrag	
			Trocken	Bewässert			von 1 ha
				mit			
	mm		dz	mm	dz	%	dz
1909	163	Kartoffeln. .	171	110	324	90	153
1909	163	Stärke . . .	28	110	60	114	32
1911	105	Kartoffeln. .	78	280	263	238	185
1911	105	Stärke . . .	14	280	55	293	41

Tafel 3.

Durch die Verregnung wird das Wasser in innige Berührung mit der Luft gebracht und stark mit Sauerstoff angereichert. Die Beregnung fördert infolgedessen das ganze Wachstum der Pflanzen in hohem Grade. Dies kommt nicht allein in der Vermehrung des Ertrags, sondern auch darin zum Ausdruck, daß sie die Widerstandskraft der Pflanzen gegen Krankheiten und tierische Schädlinge steigert. Auch ist, wie nach dem Wirkungsgesetz der Wachstumsfaktoren (s. Teil I S. 43) nicht anders zu erwarten, die Ausnützung des Düngers mit Beregnung wesentlich höher als ohne sie. So betrug z. B. im Jahre 1911 in Bromberg die Düngerausnutzung durch Kartoffeln

	Stickstoff	Kali	Phosphorsäure
mit Beregnung	96%	48%	24%
ohne Beregnung	29%	14%	7%
also die Steigerung	67%	34%	17%

Endlich sind noch die betriebswirtschaftlichen Vorteile der anfeuchtenden Beregnung zu erwähnen, die sich bei Rüben daraus ergeben, daß das Anwachsen der jungen Pflanzen durch eine rechtzeitige Regengabe gesichert und die Ernte durch Aufweichen des Bodens erleichtert werden kann.

Die Untergrundbewässerung nach Janert hat auf lehmigem Sandboden bei Hackfrüchten und Mais den besten Erfolg. Auf Sandboden wurde bei einem zweijährigen Versuch mit Kartoffeln sowohl der Knollenertrag als auch der Stärkegehalt annähernd verdoppelt.

3. Die Erfolge der Grünlandbewässerung mit Abwasser

Das Dauergrünland ist wegen seiner Fähigkeit, den Stickstoff sehr weitgehend zu verarbeiten, für die Verwertung des städtischen Abwassers besonders geeignet. Die Wiesenflächen der Breslauer Rieselfelder brachten Dürrfuttermengen von 120—150 dz/ha, in günstigen Jahren sogar bis 200 dz/ha. Die samländische Rieselfeldergenossenschaft erzielte mit dem Abwasser der Stadt Königsberg auf berieseltem Sandboden Dürrfuttererträge von durchschnittlich 75—100 dz/ha. Von großer betriebswirtschaftlicher Bedeutung ist es, daß das Rieselgrünland im Frühjahr den unbewässerten Flächen in der Regel um mehrere Wochen voraus ist, weil es durch die Wärme des Abwassers frühzeitig zum Wachstum angeregt wird. Ebenso hält das Wachstum des Rieselgrünlands im Herbst länger an, so daß sich auf Weiden die mit Abwasser berieselt werden, die Weidezeit um etwa einen Monat verlängert.

Bei achtjährigen Beregnungsversuchen, die Zunker auf lehmig-feinsandigen Böden des Versuchsguts Schebitz bei Breslau mit städtischem Abwasser durchführte, lieferten Wiesen, die mit 600 mm Abwasser beregnet wurden, im Durchschnitt der Jahre 170 dz Dürrfutter und 19 dz Reineiweiß je ha. Da die unberegneten gedüngten Wiesen durchschnittlich 40 dz Dürrfutter mit 3,1 dz Reineiweiß je ha brachten, so erzeugten die mit 600 mm Abwasser beregneten Wiesen mehr als das Sechsfache an Reineiweiß gegenüber den unberegneten gedüngten Wiesen. Die Beregnung der Wiesen mit städtischem Abwasser bietet somit der heimischen Landwirtschaft die Möglichkeit, sich weitgehend von dem Zukauf ausländischer Kraftfuttermittel freizumachen.

4. Die Erfolge der Ackerbewässerung mit Abwasser

Bei der Berieselung mit städtischem Abwasser zeitigt der Anbau von Gemüse die besten Erträge. Ferner ergeben nach den Erfahrungen der Delitzscher Wasserverwertungsgenossenschaft Futterrüben, Zuckerrüben, Kartoffeln,

Versuchsdauer	Abwasser	Zusatzdüngung	Rüben			Blätter			Zucker		
			Ertrag	Mehrertrag gegen unberegnet		Ertrag	Mehrertrag gegen unberegnet		Ertrag	Mehrertrag gegen unberegnet	
Jahre	mm	kg/ha	dz/ha	dz/ha	%	dz/ha	dz/ha	%	dz/ha	dz/ha	%
					Futterrüben						
8	305	—	949	480	102	364	229	170	51,0	9,6	23
8	305	$55 P_2O_5$ $144 K_2O$	981	512	109	364	229	170	55,2	13,8	33
					Zuckerrüben						
6	276	—	388	79	26	359	166	86	66,5	7,3	12
7	271	$59 P_2O_5$ $119 K_2O$	419	128	44	386	204	112	74,4	17,4	31

Tafel 4.

Raps, Flachs und Hanf befriedigende Erträge. Als Zweitfrüchte kommen vor allem Wickgemenge, Mais und Futtermöhren in Betracht. Letztere wurden in Delitzsch nach Wintergerste in mehreren Fällen mit einem Ertrag von 200 dz/ha gebaut.

Bei den Versuchen von Zunker in Schebitz ergab die Beregnung mit städtischem Abwasser bei der Futterrübe die weitaus größte Ertragssteigerung unter den Ackerfrüchten. Ferner brachten Zuckerrüben, Kartoffeln, Weiß- und Wirsingkohl, Sommergerste und Hafer wesentliche Mehrerträge. Die Beregnung von Wintergetreide erwies sich im allgemeinen als unwirtschaftlich. In Tafel 4 sind Durchschnittszahlen zusammengestellt, die aus den Versuchen in Schebitz berechnet sind. Sie zeigen die Ertragssteigerungen an Rüben, Blättern und Zucker, die durch die Beregnung von Futter- und Zuckerrüben mit Abwasser ohne und mit Zusatzdüngung gegenüber unberegneten, gut mit Kunstdünger gedüngten Rüben erzielt wurden. Weiter ergaben die Versuche in Schebitz, daß durch die Abwasserberegnung selbst in nassen Jahren, wo fast nur der Dungwert des Abwassers zur Geltung kommt, überaus große Ertragssteigerungen erzielt werden können. Im übrigen gilt für die Abwasserberegnung, soweit der Wasserwert in Betracht kommt, das auf Seite 88 u. 89 bei der Reinwasserberegnung Gesagte.

5. Die Erfolge der Obstbewässerung

Durch die Bewässerung der Obstanlagen wird nicht nur der Fruchtansatz vermehrt und gesichert und so die Erntemenge gesteigert, sondern auch die Früchte selbst werden größer, gesunder und ansehnlicher. Die Ertragssteigerung durch Bewässerung beträgt z. B. im nordböhmischen Obstbaugebiet nach Blattny beim Kernobst bis über 50%, bei den Zwetschgen bis über 75%, bei den Stachelbeeren und Johannisbeeren gegen 50% und bei Himbeeren bis 100%. Ferner ist nach den Erfahrungen der Württembergischen Weinbau-Versuchsanstalt Weinsberg durch Beregnung der Rebkulturen eine Mengen- und Gütesteigerung des erzeugten Weins von mindestens $30\%_0$ in noch nicht einmal ausgesprochen trockenen Sommern durchaus möglich. Dazu kommt, daß die Reben mit der benützten Beregnungsanlage bis zu Kältegraden von —8° C vor dem Erfrieren geschützt werden konnten (S. 83).

Stück 10. **Die Kosten der Bewässerung**

Die Anlagekosten der Bewässerungen sind je nach der Art der Wasserbeschaffung und dem Bewässerungsverfahren sehr verschieden. Ist die Wasserbeschaffung schwierig und erfordert sie die Herstellung von Stauwehren, Pumpenanlagen und langen Zuleitern mit zahlreichen Kunstbauten oder sind Entschädigungen an ältere Wassernutzungsberechtigte zu bezahlen, so können die Anlagen dadurch sehr verteuert werden. Ferner stellen sich die Anlagekosten um so höher, je weitergehend die mit einem Verfahren verbundene Umformung der Bewässerungsfläche ist. Aber auch die Kosten der einzelnen Bewässerungsverfahren schwanken je nach der Geländebeschaffenheit, den örtlichen Baustoffpreisen und Arbeitslöhnen und der Größe der Anlage innerhalb weiter Grenzen. Bestimmte, allgemein gültige Angaben lassen sich deshalb nicht machen. Die Kosten sind vielmehr für jeden einzelnen Fall unter Berücksichtigung der örtlichen Verhältnisse besonders zu berechnen. Als Anhalt für die Kosten, die vor der Währungsreform des Jahres 1948 für das ha bewässerter Fläche etwa aufzuwenden waren, können folgende Zahlen dienen:

Überstauung	70— 400 RM,
Stauberieselung	200— 700 RM,
Natürlicher Hang- und Rückenbau	200— 800 RM,
Kunstwiesenbau	400—1600 RM,
Petersenscher Wiesenbau	400—1100 RM.

Die jährlichen Unterhaltungs- und Betriebskosten für das ha bewässerter Fläche betrugen bei der

Überstauung und Stauberieselung	8—15 RM,
Berieselung.	20—50 RM.

Im Frühjahr 1958 lagen nach Schmitt die Anschaffungskosten für eine Beregnungsanlage im Mittel bei

vollbeweglichen Anlagen um 700 DM/ha,
teilbeweglichen Anlagen zwischen 1200 und 3000 DM/ha,
ortsfesten Anlagen zwischen 2500 und 5000 DM/ha.

Die Kosten der Frostschutzberegnungsanlagen in Weinbergen sind je nach der Schwierigkeit der Wasserbeschaffung, der Größe der erforderlichen Speicherbecken, dem Höhenunterschied innerhalb des Beregnungsgebiets und dessen Größe sehr verschieden. Sie lagen bei den in den Jahren 1954 bis 1958 in Baden-Württemberg und an der Mosel erstellten Anlagen zwischen 12000 und 23000 DM/ha.

Die Jahreskosten der Beregnungsanlagen setzen sich zusammen aus der Verzinsung und Tilgung des Anlagekapitals, aus den Ausgaben für Löhne, Betriebsstoffe und Unterhaltung der Regenanlagen. Die Kosten eines cbm verregneten Wassers wurden von Schmitt im Frühjahr 1958 zu 0,10 bis 0,25 DM angegeben.

Die Wirtschaftlichkeit der Wiesenbewässerung steht bei der mit ihr erzielten bedeutenden Ertragssteigerung außer Zweifel. Sie kommt deutlich in der beträchtlichen Erhöhung des Verkaufspreises bewässerbar gemachter Wiesen zum Ausdruck. So stieg z. B. vor dem ersten Weltkrieg der Grundwert der anfeuchtend bewässerten natürlichen Hangbauwiesen Oberfrankens infolge der Einrichtung der Bewässerung um 2000 bis 4000 ℳ je ha und derjenige zur düngenden Bewässerung eingerichteter hannoverscher Kunstwiesen von 520 ℳ auf 4350 ℳ je ha. Die größte Wirtschaftlichkeit ist nach Angerer bei der Beregnung von Sonderkulturen wie Wein, Gemüse, Obst und Tabak gegeben. Zieht man ferner in Betracht, daß der Mostertrag eines Vollherbstes 13000 DM beträgt, so ergibt sich, daß selbst die hohen Anlagekosten der Frostschutzberegnungsanlagen in Weinbergen schon durch einen oder zwei verhinderte Totalverluste gedeckt sind.

Die Durchführung einer Wirtschaftlichkeitsberechnung sei an der in Zeile 1 der Tafel 4 verzeichneten Ertragssteigerung gezeigt, die in Schebitz durch die Beregnung von Futterrüben mit städtischem Abwasser ohne Zusatzdüngung erzielt wurde. Die Anlagekosten der dortigen Beregnungsanlage betrugen 700 *RM*/ha, ihre durchschnittlichen Betriebskosten 4 *Rpf* je cbm verregnetes Abwasser. Ferner waren die Kapitalzinsen mit 4%, die Abschreibung mit 10%, die Unterhaltung mit 1%, die gesamten festen Jahreskosten also mit 15% der Anlagekosten anzusetzen. Wird angenommen, daß die Werbungskosten für den Mehrertrag durch die Düngerersparnis infolge der Abwasserberegnung ausgeglichen werden, so ergibt sich für das ha beregneter Fläche als

Mehrerlös:

480 dz Futterrüben zu 1,00 *RM* . .	480,00 *RM*	
229 dz Blätter zu 0,50 *RM*	114,50 *RM*	
Zusammen . . .		594,50 *RM*

Aufwand:

Feste Jahreskosten 15% aus 700 *RM*	105,00 *RM*	
Betriebskosten 3050 cbm zu 0,04 *RM*	122,00 *RM*	
Zusammen . . .		227,00 *RM*
Überschuß		367,50 *RM*

oder 52,5% der Anlagekosten. Das cbm Abwasser wurde also mit 36750 : 3050 = 12,5 *Rpf* verwertet.

Zweites Hauptstück

Die Ödlandkultur

Als Ödland sind alle nicht in land- oder forstwirtschaftliche Kultur genommenen Bodenflächen zu bezeichnen, mögen sie nun öde und kahl daliegen, wie die Sandflächen der Meeresdünen, oder eine geringwertige wilde Pflanzendecke tragen, wie die Moor- und die Heideflächen. Von den eben genannten drei Hauptarten der Ödlandflächen eignen sich nur die beiden letzteren zur Gewinnung neuen Kulturlandes, wogegen die Meeresdünen einzig zur Festlegung der leicht beweglichen Sandmassen und damit zum Schutze der angrenzenden Landstriche vor Versandung in Kultur genommen werden. Die Kultur der Meeresdünen bezweckt also weder eine landwirtschaftliche Nutzung noch eine Ertragssteigerung der in Kultur genommenen Flächen. Sie fällt daher nicht unter den Begriff der kulturtechnischen Bodenverbesserungen (vgl. Teil I, S. 8) und kann deshalb im folgenden außer Betracht gelassen werden.

A. Die Moorkultur

Stück 11. Die Entstehung und Einteilung der Moore

Moore entstehen dort, wo die Bedingungen für ein üppiges Pflanzenwachstum gegeben sind, aber den absterbenden Pflanzen infolge des durch einen Wasserüberschuß bedingten Luftmangels die Möglichkeit des Verwesens fehlt, so daß sie sich massenweise ansammeln und der Vertorfung anheimfallen.

Je nach der Beschaffenheit des zur Verfügung stehenden Wassers und des Untergrunds nehmen verschiedene Arten von Pflanzen an der Bildung der Moore teil. Sind jene nährstoffreich, so setzt sich der Pflanzenbestand aus zahlreichen anspruchsvolleren Arten, nämlich vor allem aus Schilfrohr, Seggen, Binsen, Rohrkolben, Simsen, Astmoosen und Erlen zusammen, und es entsteht das Niedermoor. Sind sie dagegen arm an Nährstoffen, so können nur wenige besonders genügsame Pflanzenarten, wie vor allem Torfmoose, Wollgras und heidekrautartige Gewächse sich an der Moorbildung beteiligen, und es entsteht das Hochmoor.

Niedermoore bilden sich meist in Seen und Tümpeln aus den an den Rändern sich ansiedelnden Sumpfpflanzen, die beim Absterben in das Wasser versinken, von den nachfolgenden Pflanzengeschlechtern überlagert werden und so eine von den Rändern gegen die Mitte fortschreitende Verlandung bewirken. Die Oberfläche der auf diese Weise entstehenden

Moore ist flach und hat bisweilen Gefälle gegen die Mitte zu, wogegen die Oberfläche der Hochmoore, bei denen die Wachstumsbedingungen in der Mitte günstiger sind als am Rande, gewöhnlich in der Mitte uhrglasförmig überwölbt sind (Abb. 56).

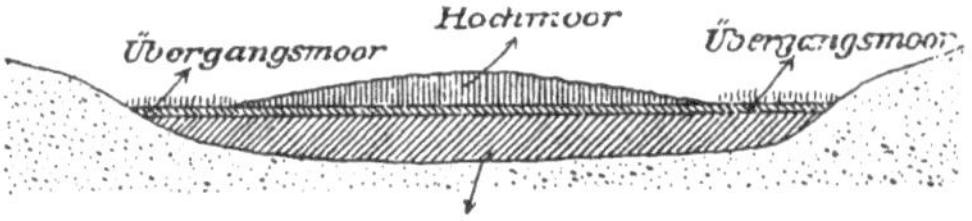

Abb. 56.

Die Entstehung der Hochmoore ist nicht an das Vorhandensein von Wasseransammlungen, sondern nur an dasjenige genügender Niederschlagsmengen gebunden. Dies schließt jedoch nicht aus, daß die Hochmoore in vielen Fällen aus Niedermooren aufgewachsen sind (Abb. 56). Zu Beginn dieses Vorgangs sind beide Pflanzengruppen, sowohl die niedermoor- als auch die hochmoorbildenden zugleich an dem Aufbau des Moores beteiligt und man spricht von Übergangsmoor (Abb. 56).

Stück 12. **Die Kulturmaßnahmen**

Die im Urzustand befindlichen Moore bilden wegen ihres hohen Wassergehalts, ihrer vielfach sehr unregelmäßigen Oberflächengestaltung und ihres Mangels an leicht aufnehmbaren Pflanzennährstoffen keinen den Kulturpflanzen zusagenden Standort. Um sie in Kultur zu bringen, muß daher durch entsprechende Entwässerung, Bodenbearbeitung und Düngung für eine den Kulturpflanzen zusagende Absenkung des Grundwasserspiegels, für die Schaffung eines geeigneten Keimbetts, für die Erschließung der im Moor selbst ruhenden Nährstoffschätze und für die Zufuhr der ihm mangelnden Pflanzennährstoffe gesorgt werden.

1. Die Entwässerung

Das Maß der Absenkung des Grundwasserspiegels hängt vom Zersetzungsgrad und von der Mächtigkeit des Moors, vom Kulturverfahren, von der Art der Nutzung und von den klimatischen Verhältnissen ab. Je weniger zersetzt und je mächtiger das Moor ist, desto stärker muß mit Rücksicht auf das durch die Entwässerung bedingte Sacken des Moores die Absenkung des Grundwasserspiegels sein. Besandete Kulturen müssen wegen der durch die Besandung bewirkten Herabsetzung der Verdunstung stärker entwässert werden als nicht besandete. Ackerkulturen erfordern eine tiefere Absenkung des Grundwassers als Weiden und diese wieder eine tiefere als Wiesen. In sehr niederschlagsreichen Gebieten muß endlich die Entwässerung in der Regel viel stärker sein als in niederschlagsarmen. In den letzteren ist mit besonderer Vorsicht zu entwässern, um das Wasser zeitweise in den Entwässerungseinrichtungen anstauen zu können (vgl. S. 29 u. 60). Hierzu eignen sich besonders offene Vorflutgräben mit geringem Gefälle, weil in ihnen mit den einzelnen Stauvorrichtungen große Flächen beherrscht werden können. Der Einbau von Stauverschlüssen in die Dräne gibt in eisenhaltigen Mooren ein Mittel in die Hand, die Dräne von Zeit zu Zeit durchzuspülen und sie so vor dem Verstopfen durch Eisenocker zu schützen.

In flachgründigen Mooren, bei denen die Entwässerungszüge in leicht durchlässigen Sanduntergrund einschneiden, genügen oft wenige Gräben oder Dräne in weitem Abstand. Für die in tiefgründigen Mooren bei den einzelnen Kulturarten während der Wachstumszeit anzustrebende Absenkung des Grundwasserspiegels unter die Mooroberfläche in der Mitte zwischen den Entwässerungszügen und für die hierzu erforderlichen Maßnahmen können die in Tafel 5 enthaltenen Zahlen einen Anhalt geben. Da jedoch die für den Erfolg der Entwässerungsmaßnahmen maßgebenden Verhältnisse in jedem Moore wieder anders liegen, sind die zu ergreifenden Maßnahmen im einzelnen Fall unter Würdigung der örtlichen Bedürfnisse durch einen erfahrenen Moorfachmann besonders festzusetzen.

Im übrigen gelten für die Einzelentwässerung der Moorböden die gleichen Regeln wie für die der mineralischen Böden (vgl. Teil I, Stück 10 u. 11). Hier wie dort ist die Dränung den offenen Gräben vorzuziehen. Man vermeidet jedoch

Lage, Moorart, Kulturverfahren	Absenkung des Grundwasserspiegels in Beetmitte während der Wachstumszeit	Hierzu erforderlich bei Entwässerung mittels			
		offener Gräben		Dräne	
		Tiefe	Abstand	Tiefe	Abstand
	m	m	m	m	m
Norddeutsches Flachland					
unbesandetes Hochmoor					
Wiesen	0,4—0,5	0,6—0,8	25—30	1,2	20
Weiden	0,6—0,7	0,8—1,0	20	1,2	20
Äcker	0,7—0,8	0,8—1,0	15—20	1,2	15—20
unbesandetes Niedermoor					
Wiesen und Weiden	0,4—0,7	0,6—0,8	25—50	1,0—1,2	25—50
Äcker	0,7—0,8	0,8—1,0	25—30	1,2	25—30
Äcker in Sanddeckkultur	1,0	1,2	20—25	1,2	20—25
Voralpenländer					
unbesandete Moorwiesen	0,5—0,7	0,6—1,0	20—30	1,0—1,2	15—20
unbesandete Mooräcker	0,8—1,0	0,9—1,2	10—15	1,0—1,2	10—15

Tafel 5.

große Dränabteilungen mit langen Sammlern, weil das Verlegen der Dränrohre im Moor überall dort schwierig ist, wo sie nicht in den mineralischen Untergrund zu liegen kommen. Namentlich in tiefgründigen Hochmooren ersetzt man die Sammler besser durch offene Gräben, in die die Sauger unmittelbar einmünden. Die Länge der Sauger soll im allgemeinen 150 m nicht überschreiten. In besonders wassereichen, schlecht zersetzten Mooren, in denen ein starkes Sacken zu erwarten ist, hat es sich als zweckmäßig erwiesen, die Drängräben zunächst nur auf 50—60 cm Tiefe auszuheben, sie bis nach gründlicher Entwässerung als offene Gräben wirken zu lassen und erst, nachdem sich das Moor genügend gesetzt hat, den Aushub zu vollenden und die Rohre einzulegen. Als ein wirksames Mittel gegen ein ungleichmäßiges Versacken der Dränstränge hat sich neben dem Verlegen der Rohre auf Lattenroste besonders in Hochmooren deren Einbetten in grobstengeliges Heidekraut oder in Legföhrenäste bewährt. Dabei werden je etwa 10 Rohre auf eine glatte Stange geschoben und zusammen auf die vorher festgestampfte Bettung verlegt. Um zu verhindern, daß sich die Rohre bei den weiteren Arbeiten verschieben, verbleibt die Legestange so lange in der Leitung, bis diese reichlich handhoch mit einer weiteren Bettungsschicht überdeckt und der Grabenaushub mindestens bis zur halben Dräntiefe wieder eingefüllt und festgetreten ist. In sehr wasserreichen Mooren empfiehlt Tacke, beim Verlegen der Dränrohre in der Richtung von unten nach oben zu arbeiten, um einerseits ein allzugroßes Durchweichen der unteren Dränggrabenstrecken zu vermeiden und um andererseits die jeweilige Arbeitsstelle tunlichst trockenzulegen.

Für sehr weiche tiefgründige Moore eignen sich besonders die von Butz eingeführten Holzkastendräne. Diese haben quadratischen Querschnitt von mindestens 5/5 cm lichter Seitenlänge und werden aus 1,5—2 cm starken, gewöhnlich 4 m langen Brettern mit versetzten Stößen mittels Hartholznägel endlos zusammengenagelt. Das Wasser tritt durch Fugen ein, die dadurch gebildet werden, daß man zwischen die Seitenbretter und das Deckbrett in Abständen von 35 bis 40 cm 2—3 mm starke Dachpappestückchen einlegt, die mit dem Deckbrett zusammen festgenagelt werden. Die Kästen werden auf hölzernen Schablonenböcken seitlich der Drängräben angefertigt, worauf die ganzen Dränstränge auf einmal verlegt werden. Hierdurch ist nicht nur das Verlegen sehr vereinfacht und erleichtert, sondern es wird auch eine Rohrleitung geschaffen, welche selbst bei ganz ungleichmäßiger Beschaffenheit des Untergrunds und bei sehr schwachem Gefälle einen dauernd glatten Abfluß des Wassers gewährleistet. Ob die in letzter Zeit aufgekommenen Holzkastendräne mit dreieckigem Querschnitt sich zu behaupten vermögen, bleibt abzuwarten. Zur Berechnung der Holzkastenrohre bedient man sich der auf S. 71 des Teils I gegebenen Formeln (8) und (9), worin nach Bazin

$$(6)\qquad k = \frac{87}{1 + \frac{\gamma}{\sqrt{R}}}$$

ist und die Rauhigkeitszahl für ungehobelte Bretter den Wert

$$(7)\qquad \gamma = 0{,}16$$

erhält.

Bei der deutschen Sandmischkultur (s. S. 118) kann auf eine Volldränung verzichtet werden, wenn die Vorflut- und Hauptgräben so tief gemacht werden, daß das durch die hochgestellten wasserzügigen Sandbalken versickernde Niederschlagswasser in dem vom Pfluge nicht berührten Sanduntergrund den Gräben zufließen kann. Damit neben den Entwässerungsgräben weder gewachsene undurchlässige Bodenprofile verbleiben, noch Einwallungen durch Bodenaushub entstehen, schlägt Baden vor, bei der deutschen Sandmischkultur ohne Rücksicht auf vorhandene Vorflutgräben zunächst die ganze Fläche tief zu pflügen und erst danach unter möglichster Berücksichtigung des früheren Untergrundgefälles neue Gräben endgültig zu bauen.

Bei offenen Gräben können die Böschungen um so steiler angelegt werden, je weniger zersetzt das Moor ist. So können in faserreichem Hochmoor die der Einzelentwässerung dienenden Gräben vielfach mit fast senkrechten Wänden ausgeführt werden, während im Niedermoor die Böschungen mindestens im Verhältnis 1:1 und in deutschen Sandmischkulturen im Verhältnis 1:1,5 anzulegen sind. In über 1,5 m tiefen Hochmoorgräben werden, um das spätere Räumen zu erleichtern, oft seitliche Bermen von 0,3—0,5 m Breite angelegt.

Hinsichtlich der Beschaffung der für die Entwässerung der Moore erforderlichen Vorflut gilt im allgemeinen das in Teil I, Stück 9 Gesagte. Bei ihrer Bemessung ist jedoch insbesondere auf das durch die Entwässerung und eine etwaige

Besandung bedingte Sacken des Moores Rücksicht zu nehmen. Näheres über letzteren Punkt s. **16**. 26ff.

Da die Moorböden oft betonschädigende Stoffe enthalten — bei den Hochmooren sind es hauptsächlich Humussäuren, bei den Niedermooren dagegen Schwefelverbindungen, wie Schwefelwasserstoff und Schwefeleisen —, sind in ihnen Rohre und Bauwerke aus Beton im allgemeinen nicht am Platze. Lassen sie sich nicht vermeiden, so ist der Beton möglichst dicht herzustellen und mit einem Schutzanstrich aus Inertol, Preolit oder Awa-Asphalt zu versehen.

2. Die Bodenbearbeitung

Hat sich das Moor infolge der Entwässerung soweit verdichtet, daß es von Mensch und Gespann betreten werden kann, so wird meist eine vollständige Zerstörung des ursprünglichen Pflanzenbestandes durch Umbruch auf mindestens 20 cm Tiefe mittels des Moorpflugs (Abb. 57) oder, falls dessen Anwendung infolge zahlreicher Holzeinlagerungen oder zu starker Verfilzung der Pflanzendecke nicht möglich ist, durch Umhacken von Hand mit der Moorhaue (Abb. 58) zu erfolgen haben. Dem Umbrechen der im Urzustand befindlichen Moore setzen häufig die in großer Zahl vorhandenen, hügelartig aufragenden, mit zähen Wurzeln und Stengeln durchsetzten sog. Bülten oder Kaupen großen Widerstand entgegen; diese müssen daher zuvor mit scharfen Hacken oder mit der Bültensäge

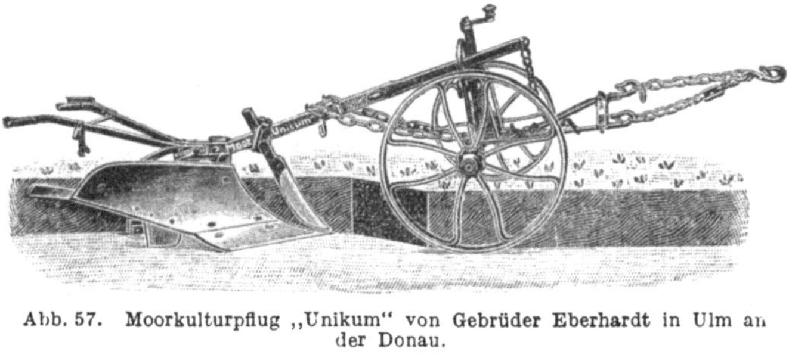

Abb. 57. Moorkulturpflug „Unikum" von Gebrüder Eberhardt in Ulm an der Donau.

beseitigt werden. Letztere ist eine Art Zimmermannssäge mit waagrechtem Blatt und langen senkrechten Stielen, mit der die Bülten dicht über dem Boden abgesägt werden. Beim Umbrechen mit dem Moorpflug ist darauf zu achten, daß der Boden vollkommen um 180° gewendet wird. Voraussetzung hierfür ist, daß vor dem Beginn des Pflügens eine Antriebsfurche herausgenommen wird, so daß sich die Pflugstreifen ganz umlegen können und nicht hochkant nebeneinander stehen. Der Umbruch ist nicht an eine bestimmte Jahreszeit gebunden. Immerhin geschieht er im allgemeinen am besten im Herbst, so daß über den Winter der Frost seine lockernde Wirkung auf das umgebrochene Moor auszuüben vermag. In Gegenden mit trockenem Frühjahr und häufigen Spätfrösten und in Mooren, die zum Vermullen (Teil I, S. 16) neigen, empfiehlt es sich jedoch, bei der Anlage von Wiesen und Weiden den Umbruch erst im Frühjahr oder zu Beginn des Sommers kurz vor der Ansaat vorzunehmen, damit die Samen in ein genügend frisches Keimbett kommen. Auf solchen Hochmooren, deren oberste Schicht aus besonders zähen, wenig zersetzten Pflanzenresten besteht, kann vor dem Umbruch ein einmaliges vorsichtiges Brennen der Oberflächenschicht angezeigt sein.

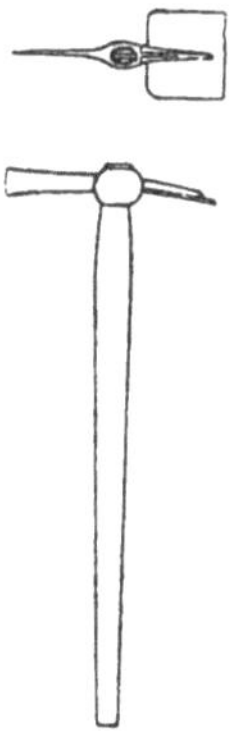
Abb. 58.

Dem Umbruch folgt das Einebnen der Mooroberfläche durch Auffüllen der vorhandenen Vertiefungen mit dem beim Aushub der offenen Gräben anfallenden Moorboden und, soweit dieser nicht zureicht, mit dem Abtrag höher gelegener Teile des Moors. Es hat sehr sorgfältig und so zu geschehen, daß kein roher Torf aus tieferen Schichten an die Oberfläche kommt und daß jede Auffüllung eine ihrer voraussichtlichen Setzung entsprechende Überhöhung erhält. Denn jede in der Mooroberfläche zurückbleibende Vertiefung liefert insbesondere bei Wiesen und Weiden einen mangelhaften Ertrag und gibt Anlaß zum Wiederauftreten saurer Gräser und Binsen.

Damit der durch den Umbruch und den Frost gelockerte

Boden wieder Schluß bekommt und nicht zu sehr austrocknet, sind die im Herbst gepflügten Moorflächen spätestens im Frühjahr mit einer schweren Glattwalze zu verdichten. Wird zu einer anderen Jahreszeit umgebrochen, so ist unmittelbar nach dem Pflügen zu walzen. Die Walzen müssen je Meter Arbeitsbreite ein Gewicht von mindestens 1000 kg haben. Sie werden aus Eisen mit Sand- oder Wasserfüllung (Abb. 59) oder aus Beton[1]) hergestellt und erhalten bei einer Bespannung mit zwei bis drei Pferden eine Länge von 1,1—1,2 m und 80 cm Durchmesser. Ein Eisenblechmantel von etwa 4 mm

Abb. 59.

Stärke, der zugleich als Form für das Betonieren dient, erhöht die Haltbarkeit der Betonwalzen. Im Großbetrieb werden Motor- und Schlepperwalzen verwendet.

Nach dem Walzen ist die Mooroberfläche tüchtig mit der Teller- oder Scheibenegge (Abb. 60) zu bearbeiten, deren tellerartig gewölbten, mit scharfem Rand versehenen Stahlscheiben die obere Moorschicht gründlich zerkleinern und durcheinandermengen und sie in den für die Ansaat

[1]) Anleitung zum Selbstanfertigen von Betonwalzen s. 78. 1912. 382ff.

nötigen feinkrümeligen Zustand überführen. Eine noch stärkere Wirkung hat die Flügel- oder Spatenegge (Abb. 61), bei der die Scheiben in einzelne spatenförmige, an der Vorderseite zugeschärfte Flügel aufgelöst sind. In sehr zähen Hochmooren empfiehlt es sich, die Narbe auch schon vor dem Umbruch mit einer scharfen Scheiben- oder Flügelegge kreuz und quer zu zerschneiden.

Abb. 60.

Um die Zugtiere bei der Bearbeitung feuchter, weicher Moore vor dem Einsinken zu schützen, sind sie mit Moorschuhen auszustatten, die am besten mit Spannbügeln an den Hufen befestigt werden (Abb. 62). Näheres über Pferdemoorschuhe s. 78. 1913. 381ff., über Ochsenmoorschuhe s. 78. 1918. 249.

Auf ebenen, holzfreien, vorwiegend mit Heidekraut bewachsenen Hochmooren können nach Brüne die Bodenfräsen die Bodenbearbeitung mit Pflug und Telleregge voll ersetzen und in höchstens dreimaligem Arbeitsgang ein ausgezeichnetes Saatbett liefern, sofern das Heidekraut vor der Bearbeitung abgebrannt und nach jedem Fräsgang der auf-

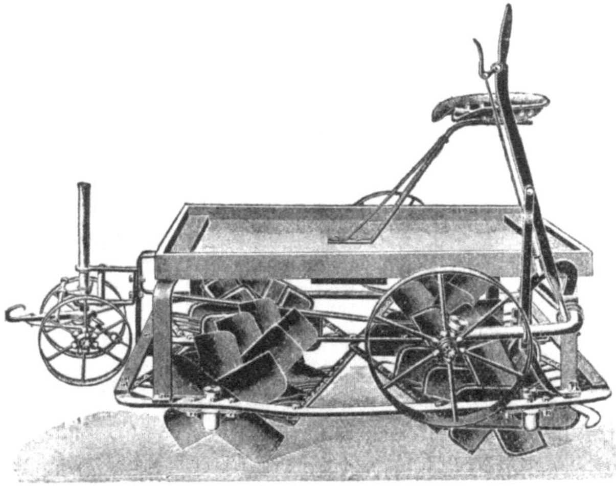

Abb. 61.

gelockerte Moorboden wieder festgewalzt wird. Die Fräsen besorgen gleichzeitig eine innige Durchmischung des vor den einzelnen Fräsgängen ausgestreuten Kalks und Kunstdüngers mit der bearbeiteten Bodenschicht. Auf unebenen, stark bültigen Hochmooren dagegen läßt sich außer durch die ziemlich teure Hackarbeit nur durch den Moordampfpflug mit schwersten Scheibeneggen und Walzen ein einwandfreies Saatbett herstellen. Näheres über Moorkulturgeräte siehe **17** und **32.**

Abb. 62. Verstellbarer schwedischer Moorschuh für beschlagene Pferde von Schlossermeister J. H. Westphal, Bremen, Neustadtswall 26 a.

Sollen auf sehr wenig zersetztem jungfräulichem Moor Wiesen und Weiden angelegt werden, so muß, um eine genügende Zersetzung und Krümelung des Keimbetts herbeizuführen, zunächst meist ein mehrjähriger Ackerbau, und zwar in erster Linie Hackfruchtbau, eingeschaltet werden. Auch bei sehr unebenen Moorflächen empfiehlt es sich, vor der Ansaat als Wiese oder Weide Hackfrüchte, insbesondere Kartoffeln, anzubauen, da hierbei die Unebenheiten leicht beseitigt werden können.

3. Die Düngung

Nach Fleischer enthält die 0,20 m starke Oberflächenschicht der Moore im großen Durchschnitt auf das ha folgende Mengen der Hauptpflanzennährstoffe:

	Niedermoor	Hochmoor
Kalk	20000 kg	840 kg
Stickstoff. . .	12500 kg	2880 kg
Kali	500 kg	120 kg
Phosphorsäure	1250 kg	240 kg

Aus diesen Zahlen ergibt sich auf den ersten Blick einerseits die Nährstoffarmut der Hochmoorböden im allgemeinen und ihre Kalkarmut im besonderen und andererseits der Reichtum der Niedermoorböden an Kalk und Stickstoff.

Die Kalkarmut der Hochmoore äußert sich besonders nachteilig in dem Vorhandensein großer Mengen freier Humussäuren in den Hochmoorböden, welche nicht nur für die Kulturpflanzen selbst schädlich sind, sondern auch fast jede Bakterientätigkeit in diesen ausschließen. Im Gegensatz hierzu sind die Säuren der Niedermoore in der Hauptsache an den reichlich in ihnen vorhandenen Kalk gebunden, auch sind diese gerade infolge ihres Kalkreichtums meist besser zersetzt als die Hochmoore. Während daher die Niedermoore keine besondere Kalkzufuhr nötig haben, ist eine solche für die Hochmoorböden und die hochmoorartigen Übergangsmoorböden zur Abstumpfung der Humussäuren sowie zur Anregung der Bakterientätigkeit stets unbedingtes Bedürfnis. Die zur Urbarmachung der Hochmoore und der hochmoorartigen

Übergangsmoore im einzelnen Fall erforderliche Kalkmenge hängt vom Säuregehalt und vom Zersetzungsgrad der Moore sowie von der geplanten Kulturart ab. Unter durchschnittlichen nordwestdeutschen Verhältnissen sind nach Brüne zur Urbarmachung der Hochmoore je ha folgende Mengen von reinem Kalk (CaO) erforderlich: für Getreide und Kartoffeln 30 dz, für kalkliebende Hülsenfrüchte, Rüben und jegliches Grünland 45 dz. Ob der Kalk dem Hochmoor als gebrannter, gelöschter oder kohlensaurer Kalk zugeführt wird, ist gleichgültig. Notwendig ist nur, daß er sehr feinpulverig und vollkommen trocken ist und daß er aufs innigste und gleichmäßigste mit der gelockerten, 20 cm starken Oberflächenschicht des Moors gemischt wird.

Einer Düngung mit Stickstoff bedürfen in der Regel nur die ausgesprochenen Niedermoorböden nicht. Wohl aber ist dies bei den hochmoorartigen Böden, soweit sie beackert und mit stickstoffzehrenden Früchten bebaut werden, der Fall; denn der natürliche Stickstoff der Hochmoore ist trotz seiner nicht unbeträchtlichen Menge für die Kulturpflanzen fast unlöslich. Getreide und Hackfrüchte müssen daher hier kräftig mit Stickstoff gedüngt werden, wenn sie gute Erträge liefern sollen. Von einem 20%igen Handelsdünger, wie z. B. Kalkammonsalpeter, sind 2 bzw. 4 dz/ha erforderlich. Diese Mengen können dann auf ⅓ bis ½ ermäßigt werden, wenn gleichzeitig Stalldünger oder Gründünger gegeben werden kann. Als Gründüngungspflanzen eignen sich am besten gelbe Lupine und Serradella, und zwar in einem Gemisch von 100 + 40 kg auf 1 ha. Voraussetzung für ein gutes Wachstum der Gründüngungspflanzen sind in erster Linie zusagende klimatische Verhältnisse. Ferner müssen den neukultivierten Hochmoorböden die für das Gedeihen der Gründüngungspflanzen, wie überhaupt aller Leguminosen, unentbehrlichen Knöllchenbakterien (s. Teil I, S. 47) zugeführt werden. Dies kann geschehen entweder durch Ausstreuen von Impferde, d. h. von Erde aus der Bodenkrume eines schon öfter mit der betreffenden Gründüngungspflanze angebauten Ackers[1]) oder

[1]) 3—5 dz/ha in feingesiebtem Zustand gleichmäßig ausgestreut genügen.

durch Benetzen des Saatguts mit einer Flüssigkeit, die Reinkulturen der betreffenden Bakterienart enthält (Nitragin, Azotogen). In den höher gelegenen Mooren Süddeutschlands gedeihen die Gründüngungspflanzen nicht.

Kali und Phosphorsäure sind fast in allen Moorböden nur in solch geringen Mengen vorhanden, daß ihre Zufuhr durch künstliche Düngemittel nicht entbehrt werden kann. Als Regel gilt, in den ersten Kulturjahren eine mäßige Anreicherung des Moorbodens mit diesen Pflanzennährstoffen vorzunehmen (Vorratsdüngung), vom dritten oder vierten Jahre an aber sich auf den Ersatz des durch die Ernten bedingten Verbrauchs zu beschränken (Ersatzdüngung). Als Vorratsdüngung empfiehlt Brüne, den Hochmooren in den ersten 2—3 Jahren jährlich 160—180 kg reines Kali (K_2O) und 125 bis 150 kg reine Phosphorsäure (P_2O_5) je ha zu geben, während den Niedermooren nach Freckmann 150 kg K_2O und 100 kg P_2O_5 je ha und Jahr zuzuführen sind. Als Ersatzdüngung sind bei Wiesen für je 10 dz geerntetes lufttrockenes Heu 20 kg K_2O und 6—7 kg P_2O_5, bei Dauerweiden je ha und Jahr 60 kg K_2O und 30 kg P_2O_5, bei Ackerkulturen auf Hochmoor je ha und Jahr 80—100 kg K_2O und 45—60 kg P_2O_5 erforderlich, wozu bei Hackfrüchten womöglich noch eine kräftige Stallmistgabe zu treten hat. Über die Ersatzdüngung des Ackerlands auf Niedermoor s. 32. 83.

Der Nährstoffgehalt und damit auch das Kalk- und Düngerbedürfnis der einzelnen Moore ist nun aber sehr verschieden. Vor Inangriffnahme der Kultivierung eines Moores darf daher nie versäumt werden, den Boden durch eine Moorversuchsanstalt auf seine chemische Zusammensetzung untersuchen zu lassen. Diese Anstalten werden auf Grund ihrer reichen Erfahrungen stets in der Lage sein, ein sicheres Urteil über den Nährstoffbedarf und über die zu treffenden Kulturmaßnahmen abzugeben. Voraussetzung hierfür ist jedoch, daß bei der Entnahme der Bodenproben mit der größten Sorgfalt verfahren und die von den Moorversuchsanstalten zu beziehende diesbezügliche Anleitung genau befolgt wird.

Stück 13. **Die Kulturverfahren**

1. **Die Kultur der Niedermoore**

a) **Die Schwarzkultur** setzt die Entwässerung, Bearbeitung und Düngung des reinen Niedermoorbodens nach den in Stück 12 entwickelten Grundsätzen voraus. Da der unbedeckte Moorboden den Gefahren der Spät- und Frühfröste und des Auffrierens in hohem Maße ausgesetzt ist und insbesondere die stärker zersetzten Niedermoorböden bei dauernder Beackerung leicht vermullen, eignet sich die Schwarzkultur weniger für Ackerbau als für die Anlage von Wiesen und Weiden, zumal da die Niedermoore an sich besonders graswüchsig sind. Enthält die natürliche Narbe schon zahlreiche gute Gräser, was übrigens erfahrungsgemäß sehr selten der Fall ist, und ist die Oberfläche des Moors eben, so kann bei der Nutzung als Grünland statt des Umbruchs auch schon ein kräftiges Schwarzeggen genügen, um die minderwertigen Pflanzen zu schwächen und der auch in diesem Falle nicht entbehrlichen Einsaat ein gutes Keimbett zu schaffen.

b) **Die Deckkultur.** Um den der Ackerschwarzkultur anhaftenden Nachteilen zu begegnen, wird bei der Deckkultur nach dem Beispiele von Rimpau der Aushub der Entwässerungsgräben auf der Mooroberfläche ausgebreitet, sorgfältig geebnet und mit einer 12—16 cm starken Schicht mineralischen Bodens möglichst gleichmäßig überdeckt. Reicht der Aushub der Entwässerungsgräben nicht aus, um die alte Narbe mit einer etwa 16 cm starken Moorbettung zu versehen, so ist die Narbe vor dem Aufbringen der Deckschicht umzubrechen, zu eggen und zu walzen. Als Deckmittel eignet sich vor allem grobkörniger, etwas lehmiger Sand, wogegen alle feinkörnigen sowie solche Stoffe, welche pflanzenschädliche Bestandteile (Schwefeleisen) oder Unkrautkeime enthalten, unbrauchbar sind. Während der erforderliche Deckboden früher in den zu diesem Zweck besonders breit angelegten Entwässerungsgräben dem Mooruntergrund entnommen wurde, wird er jetzt, wo von der Dränung möglichst ausgiebiger Gebrauch gemacht wird, meist aus Sandhorsten, die aus dem Moor aufragen, oder aus seitlichen Anhöhen entnommen und auf Feldbahnen herbeigeführt. Voraussetzung für jegliche Überdeckung ist neben einer hinreichenden Entwässerung (s. S. 99), daß das zu kultivierende Moor an der Oberfläche in einer Stärke von mindestens 20 cm gut zersetzt und völlig vererdet ist. Ist dies nicht der Fall, so muß das Moor vor dem Überdecken so lange in Schwarzkultur genommen werden, bis die Oberflächenschicht genügend zersetzt ist.

Die Bearbeitung der Deckkulturen hat sich ausschließlich auf die Deckschicht zu beschränken, ein Vermischen der letzteren mit dem Moor ist sorgfältig zu vermeiden. Die Deckschicht dient nur als Keimbett und fester Standort für die Pflanzen, während diese ihre Nahrung, soweit sie nicht in Form künstlicher Düngemittel zugeführt wird, aus dem Moor entnehmen müssen. Wo die obere Moorschicht durch den Druck der Sanddecke zu fest wird, muß sie etwa alle vier Jahre im Herbst, möglichst vor dem Anbau von Hackfrüchten, mit dem Freckmannschen Untergrundpflug gelockert werden.

Die Deckkultur hat sich namentlich in Gegenden, die häufig von Frösten heimgesucht werden, als ein vorzügliches Mittel bewährt, die Erträge der Ackerfrüchte auf Niedermoorboden zu sichern. Mit Rücksicht auf die meist hohen Kosten ist jedoch ihre Wirtschaftlichkeit vielfach in Frage gestellt. Deshalb beschränkt sich ihre Ausführung gegenwärtig im allgemeinen auf solche Fälle, wo, wie z. B. bei der Moorbesiedelung, betriebswirtschaftliche Gründe die Anlage von Ackerflächen auf Niedermoor als unabweisliches Bedürfnis erscheinen lassen.

Bei der Anlage von Wiesen und Weiden auf Niedermooren mit günstigen Grundwasserverhältnissen wird schon seit langem, vor allem der damit verbundenen Kosten wegen, von jeder Besandung abgesehen. Nur wo es sich darum handelt, in Grünlandflächen, die aus irgendeinem Grunde — z. B. bei Kanalbauten — zu tief entwässert wurden, wieder günstigere Feuchtigkeitsverhältnisse herzustellen, oder wo weiche Moore in Weideland umgewandelt und für den Tritt der Weidetiere tragfähiger gemacht werden sollen, kann von Fall zu Fall eine schwache Übersandung in Frage kommen. In der Regel ist dann aber schon eine 6—8 cm starke Sanddecke völlig ausreichend.

2. Die Kultur der Hochmoore

a) **Die Fehnkultur** hat die Abtorfung des Moors zwecks Gewinnung von Brenntorf zur Voraussetzung. Sie ist das älteste Verfahren zur Urbarmachung der Hochmoore und hat ihre Heimat in den ausgedehnten Hochmooren Hollands und der angrenzenden deutschen Gebiete. Vorbedingung für die Abtorfung sind eine gründliche Entwässerung und möglichst geringe Beförderungskosten des Torfs nach den Absatzgebieten. Um dies zu erreichen, werden in den holländischen Hochmooren, bei denen wegen ihrer großen räumlichen Ausdehnung zugleich mit der Kultivierung auch eine Besiedelung zu erfolgen hat, die erforderlichen Hauptentwässerungsgräben in der Regel auch heute noch zu schiffbaren Kanälen ausgebaut, deren mittlerer Sommerwasserspiegel mindestens 40 cm unter der Oberfläche des Sanduntergrunds der Moore liegen soll[1]). Das zu verfehnende Moor wird durch einen von einem schiffbaren Wasserwege aus meist aus öffentlichen Mitteln vorgetriebenen Hauptkanal erschlossen, von dem ein Netz schiffbarer Seitenkanäle (Nebenkanäle und Inwieken) abzweigt, durch das die einzelnen Siedlerstellen zugänglich gemacht werden. Als zweckmäßigste Verfehnungsanlage hat sich die in Abb. 63 dargestellte Mehrkanalanlage erwiesen Diese schränkt die Zahl der Brücken, die für die längs der Hauptkanäle anzulegenden Straßen erforderlich sind, möglichst ein und setzt damit nicht nur die Baukosten herab, sondern ermöglicht auch eine glatte Abwicklung des Schiffsverkehrs. Die Breite der Siedlerstellen beträgt in der Regel 100—150 m und ihre Länge 700—800 m, doch kommen auch größere Längen vor. Da die Wirtschaftsgebäude in möglichster Nähe

1) In Ostfriesland hat man nur in früheren Zeiten bei der Verfehnung der Hochmoore größere Kanalnetze angelegt. Heute beschränkt man sich dagegen darauf, die großen Vorfluter als Schiffahrtskanäle auszubauen (vgl. den sog. Küstenkanal zwischen Hunte und Ems).

der Verkehrswege errichtet werden, so ergibt sich aus der langgestreckten Form der Stellen eine für die Bewirtschaftung wenig günstige Lage der Gebäude zur Gesamtfläche. Diesem Mißstand kann jedoch durch die auf S. 116 und 117 besprochene Anordnung der Verkehrswege abgeholfen werden.

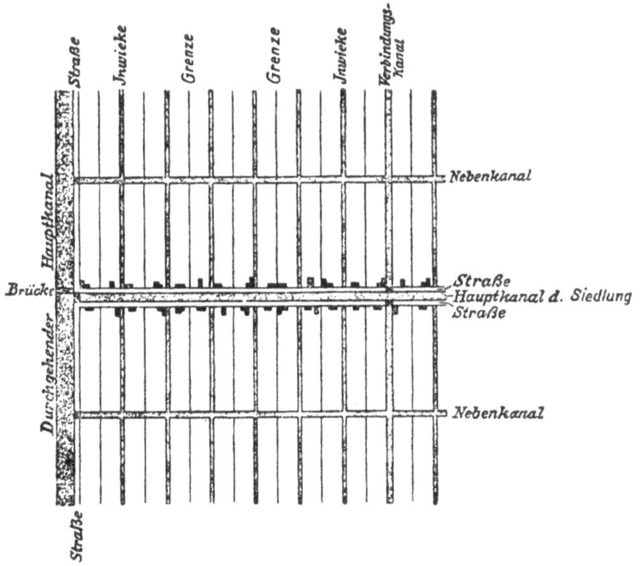

Abb. 63.

Bei der Anlage von Fehnkulturen wird der die obere, wenig zersetzte, lockere Schicht der Hochmoore bildende jüngere Moostorf, Bunkerde genannt, von dem dichten, als Brennstoff geeigneten älteren Moostorf der tieferen Schichten abgeräumt und seitlich gelagert. Der letztere wird gestochen, getrocknet, auf den Kanälen nach den nächstliegenden Städten verfrachtet und dort verkauft. Ist der Brenntorf bis auf den mineralischen Untergrund abgestochen und dieser sorgfältig eingeebnet, so wird die Bunkerde auf die abgetorfte Fläche (Leegmoor) aufgebracht, verebnet und in ihrer obersten Schicht mit einer dem Untergrund entnommenen, etwa 10 cm hohen Sandschicht und mit dem als Rückfracht mitgebrachten, aus städtischen Abfallstoffen hergestellten Kompost oder mit Seeschlick sowie nach Bedarf mit Kalk und Kunstdünger durch mehrmaliges Pflügen und Eggen innig vermengt. Die Sandbeimischung hat vor allem den Zweck, die Verdunstung herabzusetzen und dadurch die Wasserversorgung der Fehnkulturen, welche besonders bei starken Bunkerdeschichten schwierig ist, zu sichern. Die Höhenlage der Oberfläche des fertig verfehnten, mit Sand gemischten Moors über dem mittleren Grundwasserstand soll bei Ackerflächen 0,8—1,0 m, bei Weiden etwa 0,8 m und bei Wiesen 0,5—0,6 m betragen.

In neuerer Zeit, wo man gelernt hat, den jüngeren Moostorf zu einem hochwertigen Einstreumittel zu verarbeiten, und wo man daher in der Lage ist, sich übermäßig starker Bunkerdeschichten gewinnbringend zu entledigen, beschränkt man sich vielfach darauf, eine in lockerem Zustand nur 60 cm starke Bunkerdeschicht auf die abgetorfte Fläche zu bringen. Bei besonders günstigen Grundwasserverhältnissen kann man auf die teure Vermischung der Bunkerde mit Sand verzichten. Sehr wichtig ist es in diesem Falle, bei der Einrichtung der Entwässerung von vornherein darauf Bedacht zu nehmen, daß der Grundwasserspiegel nach Bedarf gehoben und gesenkt werden kann (vgl. S. 29 u. 60).

Die Mischung mit mineralischem Boden erübrigt sich auch auf den niederschlagsreichen süddeutschen Hochmooren. Diese sind an Flächenausdehnung lange nicht so groß wie die norddeutschen. Eine Besiedelung in größerem Umfange kommt bei ihnen daher ebensowenig in Frage, wie ihre Aufschließung durch schiffbare Kanäle. Sie werden vielmehr von den an ihrem Rande gelegenen Ortschaften aus kultiviert und zu diesem Zwecke nach einer angemessenen Entwässerung durch ein den wirtschaftlichen Bedürfnissen Rechnung tragendes Wegnetz aufgeschlossen, das zur Erleichterung der Torfbeförderung mit Feldbahnen ausgerüstet werden kann. Das Kulturverfahren der abgetorften, mit Bunkerde bedeckten, aber nicht mit Sand gemischten Flächen ist im übrigen dasselbe, wie das auf S. 116 unter c beschriebene.

Die Entwicklung der Fehnkultur ist ganz von der Absatzmöglichkeit für den dabei gewonnenen Brenntorf abhängig. Diese ist auf die nähere Umgebung des Gewinnungsorts beschränkt, weil der Torf bei der Verfrachtung auf große Entfernungen den Wettbewerb mit der Kohle nicht auszuhalten vermag. Man ist deshalb dazu übergegangen, in den großen nordwestdeutschen Hochmooren Torfgroßkraftwerke zu errichten, um den Torf an Ort und Stelle zur Erzeugung von Elektrizität zu verwenden. Diese Torfzentralen haben zwar in jahrzehntelangem Betrieb ihre Lebensfähigkeit erwiesen, es ist aber noch nicht gelungen, sie in solcher Zahl zu errichten, daß von ihnen eine rasche Ausbreitung der Fehnkultur erwartet werden kann.

b) **Die Brandkultur** wurde noch im vergangenen Jahrhundert auf den Hochmooren Nordwestdeutschlands in großem Umfange geübt. Sie besteht darin, daß das notdürftig entwässerte Moor alljährlich an der Oberfläche durch Umhacken gelockert und in der obersten Schicht gebrannt wird, worauf in die noch warme Asche ohne weitere Düngung Buchweizen, seltener Hafer, gesät wird. Dieses Verfahren wird so lange wiederholt, bis das Moor so erschöpft ist, daß es ohne Düngung keine befriedigenden Erträge mehr zu geben vermag. Dieser Zeitpunkt tritt meist schon nach 6—7 Jahren ein, worauf eine 25—30jährige Brache zu folgen hat. Hieraus ergibt sich ohne weiteres, daß die Brandkultur ein Raubbau schlimmster Art ist. Dazu kommt, daß der Buchweizen wegen seiner großen Frostempfindlichkeit im Ertrag sehr unsicher ist und daß bei ungünstigen Witterungsverhältnissen das Brennen überhaupt in Frage gestellt sein kann. Endlich werden durch den beim Brennen entstehenden Moorrauch weite Landstriche stark belästigt. Alle diese Mißstände lassen es daher mit Freuden begrüßen, daß die Brandkultur in neuerer Zeit durch die deutsche Hochmoorkultur verdrängt wurde, so daß ihr heute in Deutschland nur noch geschichtliche Bedeutung zukommt.

c) **Die deutsche Hochmoorkultur** verfolgt den Zweck, das nicht abgetorfte Hochmoor der Kultur zuzuführen. Zu diesem Behufe wird das Moor nach einer den örtlichen Verhältnissen angepaßten Entwässerung in seiner Oberflächenschicht gründlich bearbeitet, sorgfältig eingeebnet, durch Kalkung entsäuert und durch eine angemessene Düngung mit den ihm fehlenden Pflanzennährstoffen versorgt. Für die Ausführung dieser Kulturmaßnahmen gelten im einzelnen die in Stück 12 besprochenen Grundsätze.

Die große volkswirtschaftliche Bedeutung der deutschen Hochmoorkultur liegt darin, daß sie ein rasches Fortschreiten der Urbarmachung und Besiedelung der Hochmoore ermöglicht, ohne die spätere Ausbeutung der in ihnen ruhenden Brenntorfschätze zu verhindern. Voraussetzung hierfür ist nur, daß die Entwässerungspläne sofort so angelegt werden, daß einer allmählichen Verfehnung der Siedlerstellen nichts im Wege steht, und daß durch eine geeignete Vereinigung von schiffbaren Kanälen und Feldbahnen für möglichst günstige Beförderungsverhältnisse gesorgt wird.

Um eine für die Bewirtschaftung möglichst günstige Lage der Gehöfte inmitten der Siedlerstellen zu erzielen, hat Tacke vorgeschlagen, bei dem Entwurf neuer Besiedelungspläne die Hauptverkehrswege in die Mitte zwischen die Kanäle zu legen (Abb. 64), statt wie früher (Abb. 63 S. 113) zu beiden Seiten derselben. Bei Anweisung der Siedlungsfläche zu beiden Seiten des Hauptverkehrswegs (Stellen I—III der Abb. 64) kommen alsdann die Wirtschaftsgebäude an diesen zu stehen. Liegt dagegen die Siedlungsfläche ganz auf einer Seite, so werden die Wirtschaftsgebäude in den Schwerpunkt der Fläche (IV—VII) gelegt und durch Stichwege mit dem Hauptweg verbunden. Die Stichwege werden durch offene Gräben (IV und V) oder durch Dränstränge (VI und VII) entwässert, die zu ihren beiden Seiten angelegt werden. Diese dienen als Vorflutgräben oder als Sammler für die in der Regel als Dränung ausgeführte Einzelentwässerung der Siedlerstellen und haben ebenso wie die auf einem Teil der Grenzen angelegten offenen Entwässerungsgräben zur einen Hälfte Gefälle gegen die Kanäle und zur anderen gegen die als Hauptentwässerungsgräben ausgebildeten Seitengräben des Hauptverkehrswegs.

d) **Die Mischkultur.** Wie bei der Schwarzkultur auf Niedermooren, so haben auch auf nacktem Hochmoor die Ackerkulturen in vielen Fällen, insbesondere auf flachgründigem, leicht austrocknendem Moor, unter Frösten zu leiden. Da nun von der Deckkultur bei den Hochmooren wegen

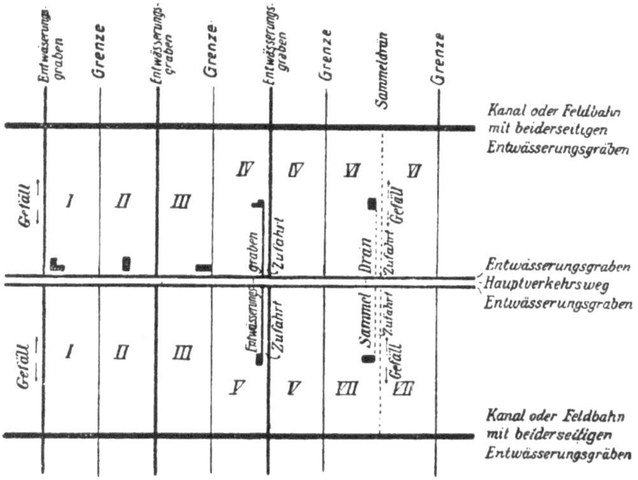

Abb. 64.

ihres geringen Zersetzungsgrads kein Gebrauch gemacht werden kann, so bedient man sich hier zur Bekämpfung der Frostgefahr der Mischkultur. Bei dieser wird nach angemessener Entwässerung des Moors auf dessen zuvor gut eingeebneter Oberfläche eine bis 10 cm starke Schicht mineralischen Bodens ausgebreitet und mittels Pflug und Scheibenegge innig und gleichmäßig mit der obersten 20 cm starken Moorschicht vermengt. Hierzu haben sich vor allem mergelige und lehmige, jedoch nicht zu bindige Bodenarten als geeignet erwiesen, wie sie z. B. im Untergrund mancher Hochmoore an der Nordseeküste in Form der sog. Kuhlerde[1]) zur Verfügung stehen. Je nach dem Gehalt des zur Mischung verwendeten mineralischen Bodens an Kalk und den sonstigen Pflanzennährstoffen können die sonst noch zuzuführenden Kalk- und Düngermengen entsprechend vermindert werden. Durch die Mischkultur wird nicht nur die Wasserverdunstung des Moorbodens herabgesetzt, sondern auch seine Durchlüftung befördert, die Bakterientätigkeit angeregt und damit die Zersetzung beschleunigt. Um daher einer allmählichen Verarmung der Kulturschicht an organischen Bestandteilen und damit einem allmählichen Übergang der Mischkultur in die Deckkultur vorzubeugen, muß bei der Bearbeitung der Mischkulturen darauf gesehen werden, daß die Kulturschicht nach und nach vertieft wird. Geschieht dies, so ist überall dort, wo ein geeigneter Mischstoff ohne zu große Kosten beschafft werden kann, die Mischkultur als ein vorzügliches Mittel zur Sicherung und Hebung der Erträge der Ackerkulturen auf Hochmoorboden anzusehen.

e) **Die deutsche Sandmischkultur.** Um flachgründige Hochmoore mit bis zu etwa 1 m mächtigen Torflagen rasch der Ackernutzung zuzuführen, bedient man sich in neuester Zeit der von der Moor-Versuchsstation Bremen seit dem zweiten Weltkrieg entwickelten deutschen Sandmischkultur. Zu dieser werden riesige im Viermaschinen-System gezogene tiefgreifende Pflüge (Abb. 65) verwendet, die außer den Torflagen des Moores auch eine genügende Menge des darunterliegenden Mineralbodens erfassen. Diese Tiefkulturpflüge überkippen die Pflugbalken um etwa 145° und schichten dabei abwechselnd Sand- und Torfbalken in dieser Schrägstellung. In dem übergekippten Kulturprofil sollen nach Baden die Sandbalken etwa halb so breit sein wie die Torfbalken. Die tiefgepflügten Flächen werden sodann mit riesigen, ebenfalls von Dampflokomobilen gezogenen Telleregge̗n, Erdhobeln und Walzen weiter bearbeitet, verebnet und unter Beigabe der erforderlichen Kalk- und Düngermengen saatfertig gemacht. Dabei ist darauf aufmerksam zu machen,

[1]) Von dieser genügen nach den von Tacke im Kehdinger Moor angestellten Versuchen 300 cbm/ha.

Abb. 65. „Mammut"-Pflug der Firma Ottomeyer, Pyrmont.

daß bei den deutschen Sandmischkulturen selbst zu Kartoffeln im ersten Nutzungsjahr weder Stallmist- noch Gründüngung erforderlich ist.

Stück 14. **Die Pflege der Moorkulturen**

Dauernd befriedigende Erträge lassen sich auf Moorkulturen nur durch eine sorgsame und pünktliche Pflege erzielen. Daß hierzu neben einer anreichernden Düngung in den ersten Jahren der Kultur eine alljährliche Ersatzdüngung gehört, darauf wurde schon bei der Besprechung der Düngung im allgemeinen hingewiesen.

Ein weiteres unbedingtes Erfordernis ist eine geordnete Unterhaltung der Entwässerungseinrichtungen und eine zielbewußte Regelung der Grundwasserverhältnisse. Während der Wachstumszeit ist der Grundwasserspiegel, wo irgend tunlich, durch künstliches Anstauen (S. 29 u. 60) in solcher Höhe zu halten (vgl. die Tafel 5 S. 99 sowie S. 114), daß sich die Pflanzen auf kapillarem Wege stets mit genügenden Feuchtigkeitsmengen zu versehen vermögen. Während der Wachstumsruhe ist dagegen eine tiefere Absenkung des Grundwasserspiegels geradezu erwünscht, um die Durchlüftung und damit die Zersetzung des Torfs, die Aufschließung der in ihm ruhenden Pflanzennährstoffe sowie den Abbau schädlicher Rückbildungsstoffe zu fördern. Zu bemerken ist jedoch, daß die Moor-Versuchsstation Bremen dem zeitweisen Aufstauen des Wassers in den Entwässerungsgräben der nordwest- und westdeutschen Moore zur Zeit keine so große Bedeutung mehr beimißt, wie dies früher der Fall gewesen ist (**6**). Vor allem ist streng darauf zu achten, daß die Gräben regelmäßig geräumt und sorgfältig von Unkräutern rein gehalten werden. Das Räumen der Gräben geschieht am besten im Herbst. Der dabei anfallende Aushub darf aber unter keinen Umständen an den Grabenrändern liegen bleiben, sondern ist, nachdem er im Winter zerfroren ist, in dünner Schicht gleichmäßig über die Kulturfläche auszubreiten oder zum Auffüllen von Vertiefungen in ihr zu verwenden.

Bei der Ackerkultur auf unbesandetem Moor ist in erster Linie der Bekämpfung des Unkrauts das Augenmerk zuzuwenden. Hierfür hat sich insbesondere die Einhaltung einer angemessenen Fruchtfolge unter Einschaltung zeitweiser

Wiesen- und Weidenutzung bewährt. Auf Niedermooren ist der Hanf wegen der starken von ihm ausgehenden Beschattung ein vorzügliches Mittel zur Unkrautvertilgung und zur Erhaltung der Gare. Als chemische Mittel zur Bekämpfung des Unkrauts kommen in erster Linie Staubkainit und Kalkstickstoff in Betracht.

Um die Frostgefahr auf unbesandeten Moorückern zu vermindern, ist es zweckmäßig, weniger frostempfindliche Sorten anzubauen und im Frühjahr den Grundwasserstand hoch zu halten, weil die Pflanzen auf einer trockenen Mooroberfläche besonders leicht durch Frost geschädigt werden. Aus dem gleichen Grunde ist auch zu empfehlen, den Boden mit schweren Glattwalzen zu verdichten, um den kapillaren Aufstieg des Wassers aus dem Untergrund zu fördern. Ferner macht eine alle 6—7 Jahre wiederholte Düngung mit 30—50 kg Kupfersulfat je ha die Pflanzen weniger frostempfindlich. Bei Winterfrucht sind außerdem die Saaten im zeitigen Frühjahr ein- bis zweimal mit mittelschwerer Walze zu bearbeiten, um die lockernde Wirkung des Frostes zu beseitigen und die Wurzeln wieder an den Boden anzudrücken. Beim Kartoffelbau im Hochmoor empfiehlt Brüne zur Bekämpfung der Frostgefahr, Kartoffelsorten mit starker Krautentwicklung anzubauen, mit dem Pflanzen nicht vor dem 10. Mai zu beginnen, unmittelbar nach dem Pflanzen zu walzen und, wenn überhaupt, so nur schwach und zu frostfreier Zeit zu behäufeln.

Bei dauernder Beackerung des unbesandeten Hochmoors empfiehlt es sich, etwa jedes zweite Jahr eine Schicht von 1,5—2 cm rohen Moostorfs aus dem Untergrund aufzupflügen und mit der Krume zu vermischen, um einem Schwund der Kulturschicht entgegenzuwirken und sie dauernd in der gute Erträge verbürgenden Stärke von 15—20 cm zu erhalten. Hinsichtlich der Bearbeitung der Deck- und der Mischkulturen ist auf das auf S. 111 u. 118 Gesagte zu verweisen.

Für die Pflege der Wiesen und Weiden sind schwere Glattwalzen unentbehrlich. Diese werden auf unbesandetem Moor zur Beseitigung der durch den Frost verursachten Auflockerung der obersten Bodenschicht und der durch das Einschneiden von Wagenrädern oder den Tritt der Weidetiere entstandenen Unebenheiten der Mooroberfläche mit Erfolg verwendet. Außerdem bilden sie durch die Verdichtung des Moors auch ein wertvolles Mittel, um einerseits dessen Tragfähigkeit zu steigern und andererseits seine Kapillarität zu erhöhen und die Wasserversorgung der Oberflächenschicht aus dem Untergrund zu sichern. Besonders in den ersten Jahren der Kultur ist daher ein möglichst häufiges Bewalzen der Wiesen und Weiden angezeigt. Aber auch später ist für diese Nutzungsarten ein mindestens zweimaliges Bewalzen jährlich (im Frühjahr und Herbst) unerläßlich. Stets ist jedoch zum Walzen ein Zeitpunkt zu wählen, wo das Moor weder zu naß noch zu trocken ist, da sonst eine nachhaltige Verdichtung nicht möglich ist. Am zweckmäßigsten ist nach Tacke das Bewalzen dann, wenn der Boden beim Eindrücken des Stiefelabsatzes seine Form behält und nicht wieder aufquillt. Auch darf die Grünlandnarbe beim Walzen nicht höher als handbreit ausgetrieben sein.

Die wegen ihrer Gefräßigkeit namentlich für Neukulturen von Moorwiesen und -weiden so gefährlichen Larven der Wiesenschnake (Tipula) werden am erfolgreichsten durch die Schaffung zahlreicher Nistgelegenheiten für insektenfressende Vögel, insbesondere für Stare und Schwalben, auf den Moorkulturen und in ihrer Nähe sowie durch die häufige Benutzung der schweren Walze bekämpft; letzteres weil stark verdichteter Boden von den Schnaken bei der Eiablage gemieden wird und weil starke Verdichtung die Bewegung der Larven im Boden erschwert. Auch mit verschiedenen chemischen Mitteln kann die Larve wirksam bekämpft werden. (Näheres **79.** 1951. 189.)

Zeigen sich in der Grasnarbe Kahlstellen, so sind sie sofort mit einwandfreiem Saatgut nachzusäen, um der sonst unausbleiblichen Ansiedelung von Unkräutern vorzubeugen. Ebenso ist Nachsaat überall dort nötig, wo man Grabenausschlag ausgebreitet hat. Überhaupt ist es zu dauernder Erhaltung vollwertiger Grünlandsdauerbestände notwendig, stets rechtzeitig Verjüngungssaaten vorzunehmen. Maulwurfshaufen müssen verteilt werden. Bei Wiesen ist ferner auf die richtige Wahl des Zeitpunkts für den Schnitt (Blütezeit des Wiesenschwingels) sowie darauf zu sehen, daß ein zu scharfes Mähen vermieden wird. Bei Weiden ist auf die regelmäßige und sorgfältige Verteilung der festen Ausscheidungen der Weidetiere und auf das Abmähen von Geilstellen der größte Wert zu legen.

Endlich ist es nach den Untersuchungen von Weber für eine stetige natürliche Selbstverjüngung der Nutzgrasbestände besonders auf nicht abgetorftem Hochmoor zweckmäßig, die Weiden nicht ausschließlich als solche und die Wiesen nicht ausschließlich zur Heugewinnung zu benützen, sondern jene von Zeit zu Zeit zu mähen und diese von Zeit zu Zeit zu beweiden.

Stück 15. **Die Erfolge der Moorkultur**

Bei richtiger Entwässerung, Bodenbearbeitung, Düngung und Pflege gedeihen auf Moorboden fast alle für die gegebenen klimatischen Verhältnisse in Betracht kommenden Gewächse mindestens ebensogut, wie auf mineralischem Boden. Vorbedingung ist allerdings eine geeignete Sortenauswahl[1]). Auch bei der Anlage von Wiesen und Weiden auf Moorboden, die wegen dessen großer Graswüchsigkeit bei der Moornutzung an erster Stelle stehen, ist auf eine den Standorts- und Nutzungsverhältnissen angepaßte Zusammensetzung des Pflanzenbestands besonderer Wert zu legen[2]). Geschieht dies, so sind auf Moorwiesen Erträge von 80—100 dz besten Dürrfutters vom ha nichts Seltenes; auf Hochmoor darf nach langjährigen genauen Ermittelungen in der Versuchswirtschaft der Moor-Versuchsstation Bremen im Königsmoor bei einer Weidedauer von 150—160 Tagen auf Ochsenfettweiden mit einer Lebendgewichtszunahme von 350—400 kg/ha und auf Milchviehweiden mit einer Milcherzeugung von 4000—5000 l/ha gerechnet werden; auch kann sich der Ertrag der Weiden auf Nieder- und Übergangsmoor dem der besten Weiden

[1]) Näheres über die Sortenauswahl für Hochmoorkulturen **78**. 1926. 26, für Niedermoorkulturen **32**. 92/3.

[2]) Über passende Grassamenmischungen, wegen deren Zusammensetzung man sich übrigens am besten an eine Moorversuchsanstalt wendet, **78**. 1928. 5 ff.

auf Mineralboden gleichwertig zur Seite stellen. Von den Halmfrüchten gedeihen besonders Roggen und Hafer und von den Hackfrüchten vor allem Kartoffeln auf Moorboden sehr gut. Doch liefert nur das Hochmoor gute Speisekartoffeln, wogegen die Niedermoorkartoffeln sich bloß zu Futter- und Brennzwecken eignen. In den nordwestdeutschen Hochmooren ist nach Brüne der Durchschnittsertrag je ha bei Winterroggen 20—24 dz, bei Sommerroggen 22—28 dz, bei Hafer 24—30 dz, bei Kartoffeln 250—300 dz. Für den Gemüsebau endlich ist der Moorboden wegen seiner leichten Bearbeitbarkeit und seiner wasserhaltenden Kraft ganz besonders geeignet, und zwar zeichnet sich auf ihm gezogenes Gemüse vor allem durch Wohlgeschmack und Zartheit aus.

In trockenen Jahren ist der große Feuchtigkeitsgehalt der Moore für die Sicherung der Erträge von höchster Bedeutung, und die Moorwiesen und -weiden bilden in ihnen einen sehr wertvollen Futterrückhalt.

Stück 16. **Die Kosten der Moorkultur**

Die Anlagekosten der Moorkulturen sind je nach der Beschaffenheit des Moors, dem Kultivierungsverfahren, den Baustoff-, Dünger- und Saatgutpreisen und den örtlichen Arbeitslöhnen sehr verschieden. Bestimmte, allgemeingültige Angaben über die Kosten der einzelnen Kulturverfahren lassen sich daher ebensowenig machen wie bei den übrigen kulturtechnischen Bodenverbesserungen. Die Kosten müssen vielmehr auch hier in jedem einzelnen Falle unter Berücksichtigung der örtlichen Verhältnisse besonders berechnet werden. Im großen Durchschnitt können die für das ha kultivierter Fläche nach den Preisen des Jahres 1954 aufzuwendenden Kosten bei der Schwarzkultur auf Niedermoor zu 200 bis 1200 DM, bei der Deckkultur zu 1100—1400 DM, bei der deutschen Hochmoorkultur zu 1400—1600 DM und bei der deutschen Sandmischkultur zu 2500 DM angenommen werden. Bei schwieriger Vorflutbeschaffung und in holzreichen Mooren können jedoch noch erheblich höhere Aufwendungen erforderlich sein.

Die Kosten der Unterhaltung und Pflege der Moorkulturen sind mit Rücksicht auf den ständigen Kampf mit dem Unkraut insbesondere bei der Nutzung als Acker verhältnismäßig hoch.

Die Wirtschaftlichkeit der Moorkultur ist bei der Nutzung als Grünland am größten. Bei hohen Kultivierungskosten ist sie privatwirtschaftlich gesehen nur dann gegeben, wenn die öffentliche Hand durch Beihilfen in bar und durch billige Darlehen unterstützend eingreift. Vom volkswirtschaftlichen Standpunkte aus ist aber die Moorkultur von solch hoher Bedeutung, daß ihre möglichst weitgehende Unterstützung durch die öffentliche Hand durchaus gerechtfertigt ist. Bildet sie doch ein Mittel, um weite Flächen neuen Kulturlands zu gewinnen und umfangreiche Siedlungsgebiete zu erschließen.

B. Die Heidekultur

Stück 17. Das Wesen der Heide

Heiden sind nach Ramann Bildungen feuchterer Gebiete der gemäßigten Zonen, bedeckt von zwerghaften Sträuchern, Halbsträuchern, Gräsern, Moosen und Flechten ohne geschlossenen Hochwald, auf nährstoffarmen, sauren Böden.

Ihr Vorkommen in der Deutschen Bundesrepublik ist auf die nordwestlichen Gebiete des norddeutschen Flachlandes beschränkt, d. h. auf Gegenden, welche, wie Gräbner in seinem Handbuch der Heidekultur (38) nachgewiesen hat, verhältnismäßig hohe Niederschläge (etwa 700 bis 800 mm durchschnittliche jährliche Niederschlagshöhe) mit feuchter Frühjahrs- und Herbstwitterung, milden Wintern und kühlen Sommern verbinden und so die für das Gedeihen der Heidepflanzen unentbehrliche gleichmäßig hohe Luftfeuchtigkeit aufweisen.

Die eigentlich ursprüngliche Art der Entstehung der Heide ist die auf nacktem, von vornherein nährstoffarmem Sandboden, wie sie jedenfalls zur Zeit der Einwanderung unserer Pflanzen nach dem Abschmelzen des Inlandeises im Bereiche der vom atlantischen Klima beherrschten Gebiete stattgefunden hat. Diese Entstehungsart tritt jedoch in der Gegenwart gegenüber der Entstehung auf verwüstetem Waldboden ganz zurück. Die überwiegende Mehrzahl der heutigen Heideflächen hat nämlich nachweislich vor noch nicht allzu langer Zeit Wälder, und zwar in der Hauptsache Laubwälder, getragen und ist nur durch eine auf die ungünstigen klimatischen Verhältnisse zurückzuführende Verarmung und physikalische Veränderung des Bodens, verbunden mit einer einseitigen, unwirtschaftlichen Behandlung und schonungslosen Ausnützung der Waldungen durch den Menschen allmählich zur Heide geworden.

Die Heideböden sind zumeist schwach lehmige Sand. böden, seltener sandige Lehm- oder noch schwerere Böden-Ihre Verarmung an Pflanzennährstoffen in den oberen Bodenschichten ist neben der in Gebieten größerer Niederschlagsmengen an sich erheblich stärkeren Auslaugung des Bodens in erster Linie auf die Wirkung des sie meist überlagernden Rohhumus zurückzuführen. In dem feuchten Klima der Heidegebiete geht nämlich die Verwesung der im Herbst abfallenden Blätter und Stengel der den Boden bedeckenden höheren Pflanzen, insbesondere der Waldbäume, nur so langsam vor sich, daß ihre vollständige Zersetzung nicht möglich ist und die zurückbleibenden humosen Reste sich nach und nach zu einer festen, sauren, torfigen Schicht, dem Rohhumus, verdichten, welche den Boden wie eine Filzdecke überzieht und seine Durchlüftung fast vollständig verhindert.

Die nach Ramann beim Eindringen von Regenwasser in die Rohhumusschicht sich bildenden Lösungen kolloider Humusstoffe (Humussole, vgl. Teil I, S. 14) wirken beim Einsickern in den Boden stark zersetzend, so daß selbst schwerere Böden in den oberen Schichten allmählich ihrer Pflanzennährstoffe beraubt werden. Besonders bei Sandböden geht diese Auslaugung verhältnismäßig rasch vor sich. Sie führt die Sandböden in den dichtgelagerten, sehr nährstoffarmen, in feuchtem Zustand grauen bis graublauen Bleichsand über, der in meist 0,2—0,3 m starker, selten bis zu 1,0 m mächtiger Schicht unter dem Rohhumus ausgedehnter Flächen der norddeutschen Heidegebiete ansteht.

Ist die Bleichsandschicht so dick geworden, daß strengerer Frost nicht mehr zu ihrer unteren Grenze einzudringen vermag, so bildet sich zwischen ihr und dem darunterliegenden unausgelaugten Boden der Ortstein. Kommen nämlich die aus dem Rohhumus ausgewaschenen Humussole mit den unter dem Bleichsand lagernden, an löslichen Salzen reichen Bodenschichten des Untergrunds in Berührung, so werden die Humuskolloide ausgefällt und die Sole in Gele (vgl. Teil I, S. 14) verwandelt, die die einzelnen Bodenkörner zu einer undurchlässigen, rotbraunen bis schwarzen Schicht verkitten. In jungem Zustand ist das so entstehende Gebilde noch leicht zerreiblich und für Pflanzenwurzeln durchdringbar und heißt dann Branderde. Je mehr jedoch die Einlagerung der Humusverbindungen zwischen die Bodenkörner fortschreitet, desto mehr nehmen Festigkeit und Dicke der Ortsteinschicht zu, so daß diese nach ihrer völligen Ausbildung sehr hart und von oft bedeutender Mächtigkeit ist und den Pflanzenwurzeln und dem Wasser ein unüberwindliches Hindernis in den Weg stellt.

Die geschilderten Eigentümlichkeiten der Heideböden üben nun einen äußerst verderblichen Einfluß auf die Kulturpflanzen aus. Die durch die Rohhumusdecke bewirkte mangelhafte Durchlüftung des Bodens beeinträchtigt die Wurzelatmung. Die große Nährstoffarmut der Bleichsandschicht ferner macht eine genügende Ernährung der Pflanzen unmöglich, ein Mißstand, der sich um so nachteiliger fühlbar macht, als die Undurchdringlichkeit des Ortsteins für die Wurzeln auch eine Nahrungsaufnahme aus den tieferen Bodenschichten ausschließt. Außerdem sind die im humosen Heideboden vorhandenen freien Säuren der Entwicklung der Kulturpflanzen an sich schädlich. Endlich verhindert der Ortstein durch seine Undurchlässigkeit den Feuchtigkeitsausgleich mit den tieferen Bodenschichten, so daß in der meist verhältnismäßig dünnen Bleichsandschicht solch bedeutende Feuchtigkeitsschwankungen eintreten, daß

Abb. 66.

Abb. 67.

die Pflanzen abwechselnd an übermäßiger Feuchtigkeit und an Trockenheit leiden.

Alle diese ungünstigen Umstände zusammengenommen bilden die Ursache dafür, daß höhere Pflanzen auf Heideböden verkümmern und eingehen und den ausgesprochenen Heidepflanzen weichen müssen. Diesen sind die genannten Eigentümlichkeiten der Heideböden entweder, wie die Nährstoffarmut, unmittelbares Lebensbedürfnis oder aber in nicht so hohem Maße nachteilig wie den Kulturpflanzen. Ihre verbreitetsten Vertreter und zugleich auch die Leitpflanzen für die Beurteilung der Feuchtigkeitsverhältnisse des Heidebodens sind die gemeine Besenheide, Calluna vulgaris (Abb. 66), und die Glocken- oder Doppheide, Erica tetralix (Abb. 67). Die Besenheide bevorzugt mehr trockene Standorte, während die Doppheide feuchte Lagen liebt. Diese müssen jedoch die Eigentümlichkeit besitzen, zeitweise so stark auszutrocknen, daß ein üppiges Gedeihen von Torfmoosen unmöglich wird, da sonst die letzteren die Oberhand gewinnen und an die Stelle der Tetralixheide das Hochmoor (s. S. 96) tritt.

Die von der rohen, unkultivierten Heide hervorgebrachten Gewächse sind so minderwertig, daß sie nur den genügsamen Heidschnucken eine magere Weide abzugeben oder aber durch den bodenräuberischen Heide- und Plaggenhieb alle 5—12 Jahre ein minderwertiges Einstreu- und Düngemittel zu liefern vermögen.

Stück 18. **Die Urbarmachung der Heiden**

Wie der Pflanzenbestand der Heiden je nach den Feuchtigkeitsverhältnissen alle möglichen Übergänge vom heidekrautlosen Sandfeld über die reinen Calluna- und Tetralixheiden zur Wald- und Grasheide und zum Hochmoor aufweist, so sind auch die Bodenverhältnisse der Heiden sehr verschieden und gehen vom reinen Sandboden über die Bleichsand- und Ortsteinböden zum ausgesprochenen Moorboden über. Es ist daher selbstverständlich, daß eine allgemein gültige Anweisung für die zur Urbarmachung der Heideflächen zu ergreifenden Maßnahmen nicht gegeben werden kann. Diese haben sich vielmehr im einzelnen Falle ganz den gegebenen örtlichen Verhältnissen anzupassen. Die nachfolgenden Ausführungen geben nur die allgemeinen Richtlinien, in denen sie sich etwa zu bewegen haben.

Voraussetzung jeder Urbarmachung ist naturgemäß die Aufschließung des Heidegebiets durch ein zweckmäßig angelegtes Netz von Straßen und Kleinbahnen und, soweit nötig, eine angemessene Regelung der Feuchtigkeitsverhältnisse des Untergrunds durch eine vorsichtige, den vorhandenen Bodenverhältnissen und der zu wählenden Kulturart angepaßte Entwässerung[1]) unter möglichster Wahrung und Ausnützung jeglicher Bewässerungs- und Anstaumöglichkeit.

Die eigentlichen Kulturmaßnahmen haben sich auf die Beseitigung der kulturhemmenden physikalischen und chemischen Bodenverhältnisse zu richten. Durch eine angemessene Bodenbearbeitung ist für die Zerstörung der den Heideboden bedeckenden Rohhumusschicht und der den Zusammenhang der oberen Bodenschichten und des Untergrunds störenden Ortsteinschicht und damit für eine genügende Durchlüftung des Bodens, Verbesserung der Feuchtigkeitsverhältnisse und Erschließung der Nährstoffvorräte des Untergrunds für die Pflanzenwurzeln zu sorgen. Die im Heideboden vorhandenen freien Säuren sind durch entsprechende

[1]) Absenkung des Grundwasserspiegels unter Geländeoberfläche für Wiesen 40—50 cm, für Weiden 60—65 cm, für Ackerland 80—100 cm.

Kalkung abzustumpfen, und die fehlenden Pflanzennährstoffe sind ihm durch eine angemessene Düngung zuzuführen. Vor Inangriffnahme der Bodenbearbeitung ist etwa vorhandener Holzwuchs zu entfernen und das Heidekraut vorsichtig gegen den Wind abzubrennen.

1. Die Bodenbearbeitung

Auf Ortsteinböden, wie sie besonders in den Callunaheiden häufig vorkommen, handelt es sich bei der Schaffung von Ackerland überall dort, wo der Ortstein in geringerer

Abb. 68.

Tiefe als 0,50 m unter der Bodenoberfläche ansteht, in erster Linie um die Zerstörung der Ortsteinschicht durch Tiefkultur und um deren Vermischung mit dem Rohhumus und dem Bleichsand der oberen Bodenschichten sowie mit dem nährstoffreicheren Boden des Untergrunds. Dies kann unter günstigen Verhältnissen mit dem gewöhnlichen Untergrundpflug und gewöhnlicher Gespannarbeit geschehen. In der Regel jedoch machen Tiefe, Mächtigkeit und Härte der Ortsteinschicht die Anwendung des Dampfpflugs (Abb. 68) erforderlich. Dabei kann man sich vielfach darauf beschränken, den Ortstein mit dem Pfluge zu durchbrechen und den Untergrund durch einen am Pflugkörper federnd angebrachten Untergrundhaken auf weitere 0,30—0,40 m Tiefe aufzulockern. Findet sich aber im Untergrund lehmiger Sand oder gar Lehmboden, so ist dieser mittels des Einschar-Tiefkulturpflugs, der einen Tiefgang von 0,90 m und darüber besitzt, heraufzuholen und mit der künftigen Ackerkrume zu vermischen. Mehr als 10 cm sollten jedoch von dem ganz un-

Abb. 69. Erdschaufel der Firma B. van Lengerich, Emsbüren in Hannover, mit 0,18—0,22 cbm Fassungsraum für 2—3 Pferde.

verwitterten rohen Untergrundboden im allgemeinen nicht heraufbefördert werden. Bei erheblichem Wechsel in der Tiefe des Ortsteins muß daher der Pflug stets rechtzeitig auf die entsprechenden Furchentiefen eingestellt werden. Auch muß dafür gesorgt werden, daß die schwer zersetzbare Rohhumusschicht nicht zu unterst in die Pflugfurche gestürzt wird, wo sie der Vertorfung anheimfallen würde, sondern daß sie mit den übrigen Bodenschichten möglichst gleichmäßig vermischt wird. Damit der umgebrochene Boden rasch wieder nach unten Schluß bekommt und keine größeren Hohlräume in ihm zurückbleiben, empfiehlt es sich, an den Pflug seitwärts eine schwere Ringelwalze (Abb. 68) oder einen Untergrundpacker anzuhängen.

Dem Umbruch schließt sich das Einebnen der Bodenoberfläche unmittelbar an. Kleinere Unebenheiten lassen sich mit der Ackerschleppe beseitigen. Zum Einebnen größerer Mulden bedient man sich der von Pferden gezogenen Erdschaufel (Abb. 69) oder, wenn der Boden auf größere Entfernungen befördert werden muß, der Feldbahn. Dabei ist peinlich darauf zu sehen, daß die bessere humose oberste Bodenschicht nicht vergraben wird, sondern auf der ganzen eingeebneten Fläche wieder obenauf zu liegen kommt. Einer angemessenen Kalkung und Düngung (vgl. S. 133) folgt sodann eine gründliche Bearbeitung mit schweren Scheibeneggen und Walzen, die ebenfalls an den Drahtseilen der Pfluglokomotiven über die Fläche gezogen werden. Sie hat den Zweck, die obere Bodenschicht gründlich zu zerkleinern und mit dem Dünger innig zu vermengen und hierauf den gelockerten Boden wieder genügend dicht zu machen. Nachdem die Fläche sodann den Winter über gelegen hat und der Luft und dem Frost Gelegenheit geboten war, ihre zerstörende Wirkung auf den Ortstein auszuüben, wird der Boden bis zum folgenden Frühjahr genügend zermürbt und entsäuert sein, um ein geeignetes Keimbett für die als stickstoffsammelnde Vorfrucht einzusäenden Gründüngungspflanzen (siehe S. 134) abzugeben.

Auf Böden mit starker Rohhumusdecke ohne Ortstein im Untergrund, wie solche besonders im Gebiete der Tetralixheide häufig vorkommen, besteht die Hauptaufgabe der Kultivierung in der Zerstörung der Rohhumusschicht. Zu diesem Behuf sind drei Wege gangbar.

Der älteste, langwierigste besteht darin, daß man zunächst den Heidefilz mit dem Pfluge abschält und ihn so ein Jahr lang liegen läßt, sodann den bis zu einem gewissen Grade zermürbten Filz durch mehrmaliges scharfes Eggen gründlich zerreißt und ihn durch abermaliges Eggen mit einer entsprechenden Kalkgabe innig vermischt, worauf erst der Boden selbst 10—15 cm tief umgepflügt und nach einer angemessenen Kaliphosphatdüngung in rauher Furche über den Winter liegen gelassen wird, um im kommenden Frühjahr mit Lupinen zur Gründüngung bestellt zu werden.

Das zweite Verfahren sucht die Herstellung eines geeigneten Keimbetts dadurch zu beschleunigen, daß man gleich beim erstmaligen Pflügen die Furche so tief nimmt, daß von vornherein etwas von dem Untergrundboden mit heraufgebracht wird, worauf dann im nächsten Frühjahr nach entsprechender Düngung eine geeignete Gründüngungspflanze angesät wird.

Beim neuesten Verfahren endlich wird die Fläche nach dem Abbrennen des Heidekrauts im Frühjahr mit Kalk, am besten in Form von fein gemahlenem Mergel, überführt, kreuz und quer mit der Telleregge durchgearbeitet und hierauf flach gepflügt. Durch die so bewirkte Durchlüftung und innige Vermischung der Rohhumusschicht mit dem aufgebrachten Kalk wird deren Entsäuerung und Zersetzung so rasch gefördert, daß der Boden, nachdem er sich gesetzt und eine Kaliphosphatdüngung erhalten hat, schon im Herbst mit Roggen bestellt werden kann und so schon im ersten Jahre einen annehmbaren Ertrag ergibt. Erst in späteren Jahren wird dann die Pflugfurche allmählich unter Anwendung des Untergrundpflugs vertieft.

Sollen tiefer gelegene, feuchte Heideböden mit nicht zu zäher Narbe in Grünland umgewandelt werden, so genügt es oft schon, die wilde Pflanzendecke abzubrennen, die Heideoberfläche einzuebnen und sie unter Beigabe hinreichender Kalk- und Kunstdüngermengen mit scharfen Messer-, Flügel- oder Scheibeneggen kreuzweise durchzuarbeiten, um ein gutes Keimbett für die Grünlandeinsaat zu schaffen.

2. Die Düngung

Nach Brüne enthalten die beiden 20 cm starken oberen Bodenschichten der Heiden auf das ha im Durchschnitt

Tiefe	Stickstoff	Kalk	Phosphorsäure	Kali
0—20 cm	3497 kg	1560 kg	823 kg	1070 kg
20—40 cm	1400 kg	1480 kg	958 kg	964 kg

Die Zahlen geben ein Bild von der Nährstoffarmut der Heideböden, die, wie wir gesehen haben, in der Art ihrer Entstehung begründet ist. Um die Heideböden in Kultur zu bringen, müssen sie daher nicht nur entsäuert, sondern auch mit einer angemessenen Düngung versehen werden. Zur Entsäuerung der Heideböden und zur Anregung der Bakterientätigkeit in ihnen ist ihre Kalkung unerläßlich. Damit jedoch die Verwesung der Humusstoffe nicht allzusehr beschleunigt wird, dürfen die Kalkgaben nicht allzu reichlich bemessen werden. Im allgemeinen genügen für die Anlage von Ackerland 20 bis 25 dz, für Grünland 40—50 dz reinen Kalks (CaO) je ha. Der Kalk muß sehr fein gemahlen sein und besonders bei der Anlegung von Grünland möglichst gleichmäßig mit dem Boden vermischt werden. Wird der Kalk in Form von Naturmergel gegeben, so trägt dessen Tongehalt gleichzeitig zur Verbesserung der physikalischen Beschaffenheit des Heidesandbodens bei.

Kali und Phosphorsäure werden am billigsten in der Form von Kainit und Thomasmehl gegeben, und zwar empfiehlt es sich, auf den Heideböden ebenso wie auf den Moorböden (siehe S. 109), in den ersten Kulturjahren eine anreichernde Vorratsdüngung mit diesen Pflanzennährstoffen vorzunehmen und erst später zur reinen Ersatzdüngung überzugehen.

Die erforderlichen Kalk- und Düngermengen haben sich im einzelnen Falle ganz den örtlichen Bodenverhältnissen anzupassen und sind jeweils nach der Stärke der vorhandenen Rohhumusschicht und nach dem Ergebnis der chemischen Bodenuntersuchung durch einen Sachverständigen festzustellen.

Die Zufuhr des nötigen Stickstoffs geschieht namentlich bei Neukulturen am billigsten durch Gründüngung. Man baut in dem auf den Umbruch folgenden Frühjahr, wenn Winterfrost und Kalkung ihre zermürbende und entsäuernde Wirkung auf den Boden ausgeübt haben, etwa zwischen dem 10. und 20. Mai eine stickstoffsammelnde Vorfrucht an, und zwar am besten ein Gemenge von 100 kg/ha gelber Lupinen und 40 kg/ha Serradella. Etwa Mitte November walzt man die Gründüngungspflanzen nieder und pflügt sie etwa 15 cm tief unter, wobei an schlecht bestockten Stellen mit Stallmist oder mineralischem Stickstoffdünger nachzuhelfen ist. Nach dem Unterpflügen der Gründüngung ist es von der größten Wichtigkeit, den aufgelockerten Boden mit der schweren Ringelwalze oder mit dem Untergrundpacker wieder zu befestigen. Voraussetzung für das Gedeihen der Gründüngungspflanzen ist hier ebenso wie auf den Hochmoorböden die Zufuhr der entsprechenden Art von Knöllchenbakterien (siehe S. 108).

Wenn aber keine Gründüngung oder Stallmistdüngung gegeben werden kann, so müssen alle stickstoffzehrenden Früchte, wie Getreide und Hackfrüchte, neben Kali und Phosphorsäure auch ausreichende Mengen von stickstoffhaltigem Handelsdünger erhalten. Die auf S. 108 für Hochmoorböden genannten Stickstoffgaben sind auch für alle Heidesandböden durchschnittlicher Beschaffenheit zutreffend.

Um die Ertragsfähigkeit der Heideböden zu sichern und sie vor der sog. Urbarmachungskrankheit zu schützen, empfiehlt es sich endlich, die Neukulturen mit 50 kg/ha Kupfersulfat oder einer entsprechenden Menge gemahlener kupferhaltiger Schlacke zu düngen und diese Düngung alle 6—7 Jahre zu wiederholen.

3. Der Anbau des Heidebodens

Ist der Heideboden in der beschriebenen Weise bearbeitet und gedüngt und so in einen Zustand ausreichender Gare versetzt, so steht seiner Nutzung als Acker kein Hindernis mehr im Weg.

In sehr trockenen Lagen der Callunaheide ist die Zahl der außer Lupinen, Roggen und Kartoffeln erfolgreich zu kultivierenden Pflanzen allerdings nicht allzu groß. Immerhin gedeihen auch hier noch Hafer, Buchweizen, Wicken, Spergel, Stoppelrüben und Mais; insbesondere liefert ein Gemenge von Zottelwicke mit Roggen viel und sicheres Futter. Sehr trockene Sandheideflächen mit geringem Boden, die weit vom Hofe liegen, werden indessen am besten aufgeforstet. Näheres hierüber **41.** 52ff.

In den frischeren Lagen der Callunaheide und in der Tetralixheide ist ein verstärkter und vielseitiger Anbau von Futterpflanzen möglich, insbesondere gedeihen dort neben Serradella Mischsaaten von Klee und sonstigen Futterpflanzen ausgezeichnet, so daß bei hinreichender Düngung und angemessenem Fruchtwechsel (Näheres siehe **38.** 150) die Erträge solcher auf genügend frischer Heide angelegter Äcker denen des besten Lehmbodens nahekommen.

Fast überall, wo Erica tetralix mit Calluna vulgaris im Gemenge wächst, bietet sich die Möglichkeit, ertragreiche Weiden anzulegen.

Im Gebiete der Tetralixheide liegt auch die Anlage von Dauerwiesen durchaus im Bereiche der Möglichkeit, namentlich wenn sie zur Bewässerung eingerichtet werden können. Von besonderer Wichtigkeit ist hierbei ebenso wie bei der Anlage von Weiden auf Heideflächen die richtige Auswahl eines für die gegebenen Verhältnisse passenden Samengemisches.

Um einen dichtgeschlossenen Rasen zu erzielen, ist es erforderlich, die jungen Grünlandflächen öfters mit der schweren Glattwalze zu bearbeiten. Auch ist deren Anwendung im zeitigen Frühjahr, namentlich in den ersten Jahren nach der Urbarmachung, für die Pflege des Heidegrünlands unerläßlich.

Stück 19. **Die Kosten der Heidekultur**

Die Kosten der Heidekultur sind je nach dem Umfang der erforderlichen Entwässerungs- und Einebnungsarbeiten, der Bodenbeschaffenheit, dem Düngerbedarf, den Düngerpreisen und den örtlichen Arbeitslöhnen verschieden. Sie belaufen sich mit Umbruch unter durchschnittlichen Verhältnissen nach den Preisen des Jahres 1954 auf etwa 700—1000 DM je ha, ohne Umbruch auf etwa die Hälfte dieser Beträge. Starke und harte Ortsteinschichten sowie umfangreiche Einebnungsarbeiten können die Kosten so wesentlich erhöhen, daß sie ohne erhebliche Beihilfen der öffentlichen Hand privatwirtschaftlich nicht tragbar wären. Hinsichtlich der volkswirtschaftlichen Bedeutung der Heidekultur gilt das auf S. 125 über die Moorkultur Gesagte.

Drittes Hauptstück

Die Flurbereinigung

Stück 20. **Die Mängel der alten Feldeinteilung**

Die Nachteile der alten Feldeinteilung liegen hauptsächlich in der Zersplitterung des Grundbesitzes, in der Unzugänglichkeit der einzelnen Grundstücke und in deren Belastung mit

Dienstbarkeiten. Für die Eigentumszersplitterung ist neben der Bevölkerungszunahme das in Süd- und Westdeutschland heimische Erbrecht verantwortlich. Die Ursache für die Unzugänglichkeit der Grundstücke ist in erster Linie in der auf die erste Aufteilung des landwirtschaftlich genützten Grund und Bodens zurückzuführende Gemenglage der Grundstücke geschlossener Dorfsiedlungen und dem damit meist verbundenen Mangel an ständigen Wegen zu suchen. Die auf den Grundstücken lastenden Grunddienstbarkeiten endlich sind in der Hauptsache auf die vor allem in Norddeutschland anzutreffenden, zum Teil auf das Mittelalter zurückgehenden, zum Teil aber auch erst im 17. und 18. Jahrhundert entstandenen Hutungs- und Weiderechte sowie auf die den seltenen Überrest der altdeutschen Feldergemeinschaft bildende gemeinschaftliche Benützung im ungeteilten Gesamteigentum stehender Grundstücke (Gemeinheiten) zurückzuführen.

Die alte Feldeinteilung ist demzufolge mit einer Reihe von Eigentumsbeschränkungen und Wirtschaftserschwernissen behaftet, die einer intensiven Bewirtschaftung des landwirtschaftlich genützten Grund und Bodens und damit einer Verbesserung der Ernährungsgrundlage des deutschen Volkes hindernd im Wege stehen. Von diesen sind im einzelnen folgende zu nennen:

1. Der Flurzwang, d. i. die aus der Unzugänglichkeit der Grundstücke (Abb. 70) sich ergebende Nötigung der einzelnen Grundbesitzer zum gleichartigen Anbau aller in einem bestimmten Flurteile gelegenen Grundstücke (Dreifelderwirtschaft), ein Zustand, der eine zweckmäßige, den neuen Erkenntnissen der Landwirtschaftswissenschaft angepaßte Bewirtschaftung der Grundstücke ebenso unmöglich macht, wie

2. der aus den Hutungs- und Weidegerechtigkeiten sich ergebende Zwang, auch auf den im Privatbesitz befindlichen Grundstücken Überfahrts- und Brachweiden zu gestatten.

3. Die Fahr- und Trepplasten, d. h. die aus dem Mangel an ständigen Wegen (Abb. 70) sich ergebenden Überfahrtslasten und Schleifwege und die Last, bei der Feldbestellung das Umwenden des nachbarlichen Gespanns dulden zu müssen, Eigentumsbeschränkungen, durch die nicht nur ein

erheblicher Verlust an landwirtschaftlich genütztem Grund und Boden, sondern auch mancher unmittelbare Schaden verursacht wird und durch die zahlreiche Zwistigkeiten, Prozesse und Feindschaften entstehen.

4. Der vielfach ungünstige Verlauf der zudem oft steilen und schlecht fahrbaren Fahrrechte und Schleifwege, der große Umwege und damit einen nicht unerheblichen Zeitverlust sowie einen übermäßigen Verbrauch an Zugkraft verursacht.

Abb. 70. Umlegung Unterleinach in Mainfranken, Stand vor der Umlegung.

5. Die weitgehende Eigentumszersplitterung (Abb. 70), als deren Folgen die verteuerte Bewirtschaftung der vielen kleinen getrennten Flurstücke, die erschwerte Beaufsichtigung der Arbeitskräfte und der durch die zahlreichen Grenzraine und -furchen bedingte Boden- und Ertragsverlust zu nennen sind. Dazu kommt, daß die Feldraine einen Unterschlupf und Nährboden für allerlei Ungeziefer und Unkräuter bilden.

6. Die durch die schlechten Grundstücksformen (Abb. 70) verursachte Erschwerung der Bestellung, die Unmöglichkeit oder wenigstens starke Einschränkung der Benützung von Maschinen bei der Bebauung schlecht geformter Grundstücke, die schwierige Unterhaltung der Vermarkung unregelmäßig verlaufender Grenzen und die sich hieraus ergebende Unsicherheit der Eigentumsverhältnisse.

Stück 21. **Begriff und Aufgaben der Flurbereinigung**

Die Flurbereinigung ist ein behördlich geleitetes Verfahren zur Zusammenlegung zersplitterten oder unwirtschaftlich gestalteten ländlichen Grundbesitzes, in dem innerhalb eines bestimmten Gebietes unter Mitwirkung der Gesamtheit der beteiligten Grundbesitzer und der landwirtschaftlichen Berufsvertretung alle Maßnahmen zur Verbesserung und wirtschaftlichen Gestaltung der Feldeinteilung sowie anderer Belange der Landeskultur nach neuzeitlichen betriebswirtschaftlichen Gesichtspunkten durchgeführt werden.

Abb. 71. Umlegung Unterleinach in Mainfranken, Stand nach der Umlegung.

Die Flurbereinigung hat die Aufgabe, das Flurbereinigungsgebiet so neu zu gestalten, wie es das gemeine Wohl verlangt. Die Feldmark ist neu einzuteilen und zersplitterter Grundbesitz wirtschaftlich zusammenzulegen; Wege, Gräben, Vorflut-, Entwässerungs- und Bewässerungsanlagen sind zu schaffen, Bodenverbesserungen vorzunehmen und alle Maßnahmen, wie Auflockerung der Ortslage, zu treffen, durch welche die Grundlagen der Wirtschaftsbetriebe verbessert werden, der Arbeitsaufwand vermindert und die Bewirtschaftung erleichtert wird.

Die Flurbereinigung soll demgemäß den ländlichen Grundbesitz von den in Stück 20 besprochenen Mißständen und Grunddienstbarkeiten befreien und damit die Grundlage für eine bessere Bewirtschaftung der Grundstücke schaffen. Sie ist vor allem dazu bestimmt, mit der unwirtschaftlichen Zersplitterung des Grundbesitzes aufzuräumen und durch Zusammenlegung der vielen zerstreuten Flurstücke der einzelnen Wirtschaftsbetriebe Grundstücke von solcher Größe und Form zu schaffen, daß die arbeitsparenden landwirtschaftlichen Maschinen voll ausgenützt werden können und daß jeder Betrieb in der Lage ist, mit möglichst geringem Aufwand möglichst hohe Erträge zu erzielen. Die Grundstücksformen sollen dem Rechteck möglichst nahe kommen (Abb. 71) Je größer der Zusammenlegungsgrad, d. h. die Zahl der durchschnittlich auf ein neues Flurstück kommenden alten Grundstücke ist, desto größer ist der betriebswirtschaftliche Erfolg.

Ferner soll die Flurbereinigung in den Feldmarkungen ein zweckmäßig ineinandergreifendes Wegnetz (Abb. 71) schaffen. Jedes einzelne Grundstück soll mit dem Wirtschaftshof durch möglichst kurze, gut angelegte Wege verbunden sein, so daß es mit einem möglichst geringen Aufwand an Zeit und Zugkraft erreichbar ist. Jedes Ackerstück soll womöglich durch zwei, jedes Wiesenstück mindestens durch einen ständigen Weg zugänglich sein. Die Hutungs- und Weiderechte sollen durch Landabfindung und, soweit dies nicht möglich ist, durch Geld abgelöst werden.

Weiter soll die Flurbereinigung dafür sorgen, daß die Grundstücke in diejenige Lage und Richtung kommen, in welcher sie am vorteilhaftesten bebaut werden können. In geneigtem Gelände sollen die Ackergrundstücke so gelegt werden, daß die Furchen möglichst waagrecht verlaufen und Abschwemmungen des Bodens vermieden werden. Auch soll für einen geordneten Abfluß des Wassers und für die zur Entwässerung der Grundstücke erforderliche Vorflut gesorgt werden. Darüber hinaus sollen im Rahmen der Flurbereinigung alle im Flurbereinigungsbezirk nur möglichen Bodenverbesserungen, wie Entwässerungen, Dränungen, Bewässerungs-, Beregnungs- und Abwasserverwertungsanlagen sowie Ödlandurbarmachungen, unter Umständen durch einen zu diesem Zweck zu gründenden Wasser- und Bodenverband (s. S. 149), durchgeführt werden.

Dörfer mit zersplittertem Grundbesitz sind in der Regel so eng gebaut, daß nicht genügend Raum vorhanden ist, um die Höfe den durch die Flurbereinigung veränderten Betriebsverhältnissen anzupassen, die Ställe, Scheunen, Vorratsräume und Dungstätten angemessen zu vergrößern und Gärfutterbehälter zu erstellen. Um den erforderlichen Raum zu schaffen, können im Flurbereinigungsverfahren ganze Betriebe aus der Ortslage heraus verlegt werden und in entfernt gelegenen Teilen der Feldmark inmitten ihrer neu zugeteilten Grundstücke neue Höfe erhalten, und zwar sind in erster Linie Gehöfte kleiner Stellen mit baufälligen Gebäuden zu verlegen und durch Landzulagen auf die Größe von lebensfähigen Familienbetrieben zu vergrößern. Gruppenweise Anordnung der aus der Ortslage heraus verlegten Höfe erleichtert dabei ihre Versorgung mit Wasser, Licht und Kraft. Mit der Aussiedelung wird außerdem erreicht, daß entlegene Markungsteile, die infolge ihrer Entfernung vom Dorf in der Regel nur ungenügend ausgenützt sind, in intensive Kultur genommen werden.

Ferner soll die Flurbereinigung unter Zurückführung der Zahl der Marksteine auf ein Mindestmaß eine vollkommen klare und einfache Vermarkung schaffen, so daß das Auffinden und die Erneuerung etwa verlorengegangener Marksteine erleichtert ist. Auch können im Flurbereinigungsverfahren Gemeindegrenzen ausgeglichen werden.

Weiter sind im Flurbereinigungsgebiet neben den Wegen und Wassergräben auch andere zur gemeinschaftlichen Benützung dienenden Anlagen, wie Viehtränken, Lehm-, Sand-, Kies-, Kalk- und Mergelgruben, Steinbrüche, Viehweiden und ähnliche Anlagen zu schaffen, soweit die Belange der allgemeinen Landeskultur und das wirtschaftliche Bedürfnis der Teilnehmer es erfordern.

Endlich dient die Flurbereinigung dazu, beim Bau von Eisenbahnen, Autobahnen, Straßen, Staubecken, Kanälen, Flußverbesserungen oder ähnlichen Maßnahmen, für die ländliche Grundstücke in großem Umfang bereitgestellt werden müssen, die für die allgemeine Landeskultur entstehenden oder entstandenen Nachteile zu beseitigen und den durch die Bereitstellung verursachten Landverlust auf einen größeren Kreis von Eigentümern zu verteilen.

Stück 22. **Die Flurbereinigungsbehörden**

Die Flurbereinigung wird von Flurbereinigungsbehörden durchgeführt. Als solche dienen in den Teilen des Bundesgebiets, die zu dem ehemaligen preußischen Staate gehört haben, sowie in Hessen die Kulturämter, in Baden-Württemberg und in Bayern die Flurbereinigungsämter.

Die Flurbereinigungsbehörden unterstehen oberen Flurbereinigungsbehörden. Die Aufgaben der oberen Flurbereinigungsbehörden werden in den ehemals preußischen Teilen des Bundesgebiets und in Hessen von den Landeskulturämtern, in Baden-Württemberg vom Landesamt für Flurbereinigung und Siedlung, in Bayern vom Staatsministerium für Ernährung, Landwirtschaft und Forsten wahrgenommen.

Zur Entscheidung über die Anfechtung von Verwaltungsakten, die im Vollzuge des Flurbereinigungsgesetzes ergehen und über alle Streitigkeiten, die durch ein Flurbereinigungsverfahren hervorgerufen werden, sind bei den obersten Verwaltungsgerichten der meisten deutschen Bundesländer Senate für Flurbereinigung eingerichtet. Diese Flurbereinigungsgerichte entscheiden in der Besetzung mit zwei Richtern und drei Beisitzern. Zwei der Beisitzer müssen Inhaber eines landwirtschaftlichen Betriebes sein und besondere Erfahrungen in der landwirtschaftlichen Betriebswirtschaft haben. Vorsitzender ist ein Richter.

Stück 23. **Die Ausführung der Flurbereinigungen**

Das in der Bundesrepublik Deutschland geltende Recht der Flurbereinigung ist durch das Flurbereinigungsgesetz vom 14. Juli 1953 und die dazu von den Bundesländern erlassenen Ausführungsgesetze und Verordnungen geregelt.

Das sich hieraus für die Ausführung der Flurbereinigungen ergebende Verfahren ist nachstehend in seinen Grundzügen besprochen.

1. Der Flurbereinigungsbeschluß

Die Flurbereinigung wird von Amts wegen betrieben. Sie kann von der oberen Flurbereinigungsbehörde durch Beschluß angeordnet werden, wenn diese die Voraussetzungen für eine Flurbereinigung und das Interesse der Beteiligten für gegeben hält. Im Flurbereinigungsbeschluß wird das Flurbereinigungsgebiet festgestellt. Dieses kann eine oder mehrere Gemeinden oder Teile von Gemeinden umfassen und ist so zu begrenzen, daß der Zweck der Flurbereinigung möglichst vollkommen erreicht wird. Wegen der Abgrenzung des Flurbereinigungsgebiets und seiner Einpassung in den allgemeinen Wasserwirtschaftsplan ist in der Regel schon bei der Vorbereitung des Flurbereinigungsbeschlusses das örtlich zuständige Wasserwirtschaftsamt zu beteiligen. Das Flurbereinigungsgebiet soll möglichst groß sein. Teile einer Gemeinde für sich allein sollten nur bereinigt werden, wenn besondere Umstände es erfordern. Zum Flurbereinigungsgebiet gehören alle in ihm liegenden Grundstücke einschließlich der Ortslage. Geschlossene Waldflächen von mehr als 10 ha Größe dürfen nur mit Zustimmung der Forstaufsichtsbehörde einbezogen werden. Der Flurbereinigungsbeschluß ist öffentlich bekannt zu machen und in den Flurbereinigungsgemeinden zwei Wochen lang zur Einsicht für die Beteiligten auszulegen.

2. Die Teilnehmergemeinschaft

Teilnehmer des Flurbereinigungsverfahrens sind die Eigentümer der zum Flurbereinigungsgebiet gehörenden Grundstücke. Sie werden durch die Flurbereinigungsbehörde nach dem Grundbuche festgestellt und sind kraft Gesetzes zur Teilnehmergemeinschaft zusammengeschlossen. Diese ist eine Körpergemeinschaft des öffentlichen Rechts und entsteht mit dem Flurbereinigungsbeschluß. Sie steht unter der Aufsicht der Flurbereinigungsbehörde und hat die gemeinschaftlichen Angelegenheiten der Teilnehmer wahrzunehmen, insbesondere die gemeinschaftlichen Anlagen herzustellen und bis zum Abschluß des Verfahrens zu unterhalten, sowie die erforderlichen Bodenverbesserungen auszuführen, soweit kein Wasser- und Bodenverband besteht oder gegründet wird. Sie hat ferner die im Verfahren festgesetzten Zahlungen zu leisten und zu fordern und kann von den Teilnehmern Beiträge und Vorschüsse erheben sowie Hand- und Spanndienste fordern. Zum Abschluß von Verträgen und zu Zahlungen ist die Genehmigung der Flurbereinigungsbehörde erforderlich, soweit diese nichts anderes anordnet. Die Teilnehmergemeinschaft hat einen aus mehreren Mitgliedern bestehenden Vorstand. Die Mitglieder des Vorstands, deren Zahl von der Flurbereinigungsbehörde bestimmt wird, werden von den Teilnehmern mit Stimmenmehrheit in einer Tagfahrt gewählt, zu der die Flurbereinigungsbehörde durch öffentliche Bekanntmachung einlädt. Der Vorstand führt die Geschäfte der Teilnehmergemeinschaft. Er ist von der Flurbereinigungsbehörde über den Fortschritt der Flurbereinigungsarbeiten laufend zu unterrichten und über wichtige gemeinschaftliche Angelegenheiten zu hören. Er wählt eines seiner Mitglieder zum Vorsitzenden. Der Vorsitzende führt die Vorstandsbeschlüsse aus und vertritt die Teilnehmergemeinschaft gerichtlich und außergerichtlich. In Bayern bestimmt das Flurbereinigungsamt einen technisch vorgebildeten Beamten des höheren Flurbereinigungsdienstes zum Vorsitzenden des Vorstands.

3. Die Bewertung der Teilnehmerrechte

Um den Teilnehmern bei der Neuzuteilung für ihre Grundstücke Land von gleichem Werte geben zu können, ist das Verhältnis zu ermitteln, in dem der Wert der Grundstücke eines Teilnehmers zu dem Wert aller Grundstücke des Flurbereinigungsgebiets steht. Für landwirtschaftlich genutzte Grundstücke ist das Wertverhältnis in der Regel nach dem Nutzen zu ermitteln, den sie bei gemeinüblicher ordnungsmäßiger Bewirtschaftung jedem Besitzer ohne Rücksicht auf ihre Entfernung vom Wirtschaftshofe oder von der

Ortslage nachhaltig gewähren können. Für bauliche Anlagen ist der gemeine Wert zu schätzen. Für die Größe der Grundstücke ist in der Regel der Eintrag im Liegenschaftskataster maßgebend.

Die Schätzung der landwirtschaftlich genutzten Grundstücke wird durch landwirtschaftliche Sachverständige vorgenommen. Die Zahl der Schätzer wird von der Flurbereinigungsbehörde bestimmt, die auch die Schätzer nach Anhörung des Vorstands der Teilnehmergemeinschaft auswählt. Für die Ausführung der Schätzung, die sich in die Aufstellung der Schätzungsklassen und in die Einstufung der Flächen des Flurbereinigungsgebiets in sie gliedert, hat sich das folgende Verfahren als zweckmäßig erwiesen. Die Schätzungsklassen werden dadurch ermittelt, daß be- einer Begehung des Flurbereinigungsgebiets Probelöcher gegraben, auf ihre Bodenbeschaffenheit untersucht, in der Reihenfolge ihrer Ertragsfähigkeit geordnet und zu Klassen zusammengefaßt werden. Die Wertverhältniszahlen für die einzelnen Schätzungsklassen werden sodann durch den Leiter der Flurbereinigungsbehörde nach Anhörung der Schätzer und des Vorstands der Teilnehmergemeinschaft, der der Schätzung beiwohnen soll, aus dem Nutzungswert je ha des Bodens der einzelnen Klassen bestimmt. Die Einstufung der Flächen des Flurbereinigungsgebiets in die einzelnen Schätzungsklassen geschieht durch die Schätzer unter Leitung des ausführenden technischen Beamten. Die Schätzer geben die Klassengrenzen an, und diese werden sofort auf dem Felde vom ausführenden technischen Beamten in Schätzungsrisse eingetragen. Zu den Schätzungsrissen werden die vorhandenen Meßtischblätter und Flurkarten verwendet. Wenn brauchbare Karten fehlen, sind sie durch Neumessung zu ersetzen. Hierzu soll zur Beschleunigung tunlichst die Luftbildmessung herangezogen werden. Zu Hause werden dann auf den Schätzungsrissen für jedes Grundstück die Flächen der darauf entfallenden Schätzungsklassenabschnitte ermittelt und daraus das Wertverhältnis der alten Grundstücke berechnet.

Soweit für die Grundstücke des Flurbereinigungsgebiets eine rechtsverbindliche Schätzung nach dem Bodenschätzungsgesetz vom 16. Oktober 1934 durchgeführt ist, sind deren Ergebnisse bei der Ermittelung des Wertverhältnisses im Flurbereinigungsverfahren zugrunde zu legen. Die Ergebnisse der Bundesbodenschätzung können jedoch nicht unmittelbar übernommen werden, vielmehr ist nicht nur deren Bestandsaufnahme entsprechend den Zwecken der Flurbereinigung zu ergänzen, sondern im allgemeinen auch das Wertverhältnis der verschiedenen Böden unter Würdigung der besonderen örtlichen Verhältnisse neu festzusetzen und die Zahl der Schätzungsklassen auf die bei der Flurbereinigungsschätzung geeignete Zahl zu verringern.

Das Wertverhältnis der Hutungs- und Weidegerechtigkeiten wird derart ermittelt, daß die hutebelasteten Grundstücke nach dem Verhältnis des Nutzens des Eigentümers und des Berechtigten in zwei Teile zerlegt werden und jedem sein Anteil gutgeschrieben wird. In ähnlicher Weise werden die Wertverhältnisse beim Miteigentumsrecht an gemeinschaftlich genutzten Grundstücken ermittelt.

Die Ergebnisse der Schätzung sind im Besitzstands- und Schätzungsnachweis zahlenmäßig nachzuweisen.

4. Die Feststellung der Schätzungsergebnisse

Die Nachweisungen über die Ergebnisse der Schätzung werden zur Einsichtnahme für die Beteiligten ausgelegt. Ferner sind die Ergebnisse den Beteiligten durch einen Beamten der Flurbereinigungsbehörde in einem Anhörungstermin zu erläutern, zu dem in der Regel zwei Wochen vorher durch öffentliche Bekanntmachung eingeladen wird. In dem Termine können die Beteiligten Einwendungen gegen die Schätzungsergebnisse vorbringen. Nach Behebung begründeter Einwendungen sind die Ergebnisse der Schätzung durch die Flurbereinigungsbehörde festzustellen; die Feststellung ist öffentlich bekanntzumachen. Gegen die Feststellung steht den Beteiligten binnen zwei Wochen Beschwerde bei der oberen Flurbereinigungsbehörde und im weiteren Instanzenzug Klage beim Flurbereinigungsgericht zu.

5. **Der Wege- und Gewässerplan**

Die Ausarbeitung des Wege- und Gewässerplanes ist Sache der Flurbereinigungsbehörde. Diese hört zunächst den von der zuständigen landwirtschaftlichen Behörde bestellten Sachberater für Flurbereinigung, die Gemeinde, das zuständige Wasserwirtschaftsamt, die Behörde für Naturschutz und Denkmalpflege und die sonstigen beteiligten Behörden und Organisationen über die allgemeinen Grundsätze für die Neugestaltung des Flurbereinigungsgebiets. In Betracht kommen hierbei insbesondere Vorschläge für die im Flurbereinigungsgebiet durchzuführenden größeren Wegebauten, Gewässerregelungen, Entwässerungen, Bewässerungen und Ödlandurbarmachungen sowie für die Auflockerung der Ortslage. Auf Grund dieser Vorschläge wird sodann von der Flurbereinigungsbehörde im Benehmen mit dem Vorstand der Teilnehmergemeinschaft der Wege- und Gewässerplan ausgearbeitet.

Sein Entwurf ist eine der wichtigsten Aufgaben des ganzen Flurbereinigungsverfahrens. Nur ein in jeder Hinsicht durchdachtes, technisch und wirtschaftlich zweckmäßiges Wege- und Gewässernetz kann die Grundlage für eine voll befriedigende neue Einteilung des Flurbereinigungsgebiets bilden. Es ist so anzulegen, daß es die in Stück 21 genannten Aufgaben zu erfüllen vermag. Die Wege und Gewässer sind möglichst weitgehend an die naturgegebenen Landschaftsformen anzupassen. Auf den zweckmäßigen Anschluß des Wege- und Gewässernetzes an angrenzende Gebiete ist Bedacht zu nehmen. Geschichtliche und Kulturdenkmale im freien Feld, vor allem die Zeugen der Vor- und Frühgeschichte, wie Hünengräber, Grabhügel, Wälle und Mauerreste, sind zu schonen und sinnvoll in das neue Wege- und Gewässernetz einzubeziehen. Die Steigungen der Hauptzufahrtswege sind so zu wählen, daß sie im Flachland höchstens 7%, im Gebirge möglichst nicht über 8% und höchstens 10% betragen. Die Wegbreite ist bei

Hauptwegen mindestens zu 4,5 m, bei Einteilungs- und Wendewegen zu 3,5 m, bei untergeordneten Wiesenwegen zu 3,0 m und bei Fußwegen zu 1—2 m zu wählen. An den Wegabzweigungen werden die Ecken zur Erleichterung des Befahrens abgeschrägt. Die zunehmende Motorisierung der landwirtschaftlichen Betriebe macht es in steigendem Maße notwendig, die Fahrbahn viel befahrener Wege zu befestigen. (Näheres **50**, Richtlinien für den landwirtschaftlichen Wirtschaftswegebau RLW 1959). Die Gewannlängen sind den Besitzverhältnissen anzupassen, und zwar haben sie bei vorherrschendem Kleinbesitz 100—150 m, bei vorherrschendem Großbesitz 200 bis 300 m zu betragen. Im allgemeinen bewegen sie sich zwischen 150 und 200 m. Für Motorbetrieb sollte die Gewannlänge nicht unter 200 m betragen.

Die vom Wasserwirtschaftsamt aufzustellenden Entwürfe für größere Wegebauten, Gewässerregelungen und kulturtechnische Bodenverbesserungen werden als Teile des Wege- und Gewässerplans behandelt und im Benehmen mit der für das Wasserwirtschaftsamt zuständigen Mittelbehörde durch die obere Flurbereinigungsbehörde vorläufig festgestellt. Die von anderen Behörden festzustellenden Entwürfe für Autobahnen, Straßen usw. werden lediglich in die Karten der Flurbereinigungsbehörde übernommen.

Nach Fertigstellung des Wege- und Gewässerplans ist dieser mit den eingangs genannten Behörden usw. zu erörtern und hierauf der oberen Flurbereinigungsbehörde zur Prüfung vorzulegen, die ihn vorläufig feststellt und zur Absteckung freigibt. Seine endgültige Feststellung erfolgt durch den Flurbereinigungsplan (S. 151).

Teile des Wege- und Gewässerplans, die größere Erdarbeiten erfordern, sind so bald als möglich auszubauen, damit die Teilnehmer bald nach der Zuteilung in den vollen Genuß der Vorteile des Flurbereinigungsverfahrens kommen. Zu diesem Behufe kann die obere Flurbereinigungsbehörde den Wege- und Gewässerplan für solche Anlage vorläufig feststellen und die Flurbereinigungsbehörde deren Vorausbau anordnen.

Wenn im Flurbereinigungsverfahren Bodenverbesserungen oder wasserwirtschaftliche Anlagen großen Umfangs ausgeführt werden sollen, kann die Flurbereinigungsbehörde einen Wasser- und Bodenverband nach den Vorschriften über Wasser- und Bodenverbände gründen (s. Teil I S. 49). Die Gründung ist dem Landratsamt als späterer Aufsichtsbehörde mitzuteilen.

6. Die Ermittelung der Abfindungsansprüche

Nachdem der Wege- und Gewässerplan von der oberen Flurbereinigungsbehörde zur Absteckung freigegeben ist, werden die Wege und Gewässer sowie die Grenzen des Flurbereinigungsgebiets neu vermessen und eine neue Karte, die Zuteilungskarte, gefertigt, die der Berechnung der neuen Grundstücke zugrunde gelegt wird.

Den zu den neuen Wegen, Gewässern und anderen gemeinschaftlichen Anlagen erforderlichen Grund und Boden haben alle Teilnehmer nach dem Verhältnis des Wertes ihrer alten Grundstücke zu dem Wert aller Grundstücke des Flurbereinigungsgebietes aufzubringen, soweit er nicht durch vor der Flurbereinigung vorhandene Anlagen gleicher Art gedeckt wird. Das gleiche gilt in verhältnismäßig geringem Umfange für andere öffentliche Anlagen, wie öffentliche Wege, Wasserversorgungs- und Feuerschutzanlagen, insoweit die Anlage den wirtschaftlichen Belangen der Teilnehmer dient. Für solche Teile des Flurbereinigungsgebiets, in denen aus besonderen Gründen ein größerer Bedarf an Grund und Boden für gemeinschaftliche oder öffentliche Anlagen als in anderen Teilen besteht, kann zu Lasten der begünstigten Teilnehmer ein von dem übrigen Flurbereinigungsgebiet abweichender Maßstab festgesetzt werden.

Andererseits können wesentliche Werterhöhungen von Grundstücken größerer Teile des Flurbereinigungsgebiets, die durch besondere Maßnahmen mit erheblichen öffentlichen Mitteln im Flurbereinigungsverfahren verbessert worden sind (z. B. durch Urbarmachung von Ödland), bei der Bemessung des Werts der Abfindung der Teilnehmer berücksichtigt werden. Der erhöhte Wert ist nötigenfalls durch neue

Schätzung unter Berücksichtigung der dem Teilnehmer verbleibenden Kostenlast festzustellen.

Durch Anrechnung dieser Landbeiträge und Werterhöhungen auf die Wertverhältnisse der Teilnehmerrechte werden die Abfindungsansprüche der Teilnehmer ermittelt.

7. Die Grundsätze der Abfindung

Für die Abfindung gelten folgende allgemeine Grundsätze:

a) Jeder Teilnehmer ist für seine Grundstücke unter Berücksichtigung der aus Nr. 6 sich ergebenden Abzüge mit Land von gleichem Wert abzufinden.

b) Bei der Landabfindung sind die betriebswirtschaftlichen Verhältnisse aller Teilnehmer gegeneinander abzuwägen und alle Umstände zu berücksichtigen, die auf den Ertrag, die Benutzung und die Verwertung der Grundstücke wesentlichen Einfluß haben.

c) Die Landabfindungen müssen in möglichst großen Grundstücken ausgewiesen werden. Unvermeidbare Mehr- oder Minderausweisungen von Land sind in Geld auszugleichen. Die Grundstücke müssen durch Wege zugänglich gemacht werden; die erforderliche Vorflut ist, soweit möglich, zu schaffen.

d) Die Landabfindung eines Teilnehmers soll in der Nutzungsart, Beschaffenheit, Bodengüte und Entfernung vom Wirtschaftshofe oder von der Ortslage seinen alten Grundstücken entsprechen, soweit es mit einer großzügigen Zusammenlegung des Grundbesitzes nach neuzeitlichen betriebswirtschaftlichen Erkenntnissen vereinbar ist.

e) Für Obstbäume, Beerensträucher, Reb- und Hopfenstöcke hat die Teilnehmergemeinschaft den bisherigen Eigentümer in Geld abzufinden. Ferner sind vorübergehende Werterhöhungen und -minderungen, wie reichliche Stallmistdüngung, Luzerne, Klee, Spargel- und ähnliche mehrjährige Anlagen oder schlechter Düngerzustand und Vernachlässigung, durch Geld auszugleichen. Endlich kann ein Teilnehmer mit seiner Zustimmung statt in Land ganz oder teilweise in Geld abgefunden werden.

Vor der Aufstellung des Flurbereinigungsplans sind die Teilnehmer über ihre Wünsche für die Abfindung zu hören. An solche Wünsche ist die Flurbereinigungsbehörde zwar keineswegs gebunden, sie wird sie jedoch nach Möglichkeit berücksichtigen, soweit sie ohne Beeinträchtigung der Belange der Allgemeinheit und der Rechte anderer erfüllbar sind.

8. Der Flurbereinigungsplan

Die Ergebnisse des Verfahrens werden von der Flurbereinigungsbehörde im Flurbereinigungsplan zusammengefaßt. In diesen sind der Wege- und Gewässerplan und die sonstigen gemeinschaftlichen und anderen öffentlichen Anlagen, die alten Grundstücke und Berechtigungen der Beteiligten, ihre Abfindung und die Regelung der sonstigen Rechtsverhältnisse aufzunehmen. Er besteht aus Text, Nachweisungen (Teilnehmernachweis, Flächennachweis, Besitzstands- und Schätzungsnachweis, Flurstückverzeichnis) und Karten (Zuteilungskarte, Übersichtskarte) und bedarf der Genehmigung der oberen Flurbereinigungsbehörde.

Der Flurbereinigungsplan ist zur Einsichtnahme für die Beteiligten auszulegen. Außerdem soll jeder Teilnehmer einen Auszug aus ihm erhalten, der seine neuen Grundstücke nach Fläche und Wert sowie das Verhältnis seiner Gesamtabfindung zu dem von ihm Eingebrachten nachweist. Die neue Feldeinteilung ist den Beteiligten auf Wunsch an Ort und Stelle zu erläutern. Beschwerden gegen den Flurbereinigungsplan müssen die Beteiligten zur Vermeidung des Ausschlusses in einem Anhörungstermin vorbringen; hierauf ist in der Ladung und im Termin hinzuweisen. Die Ladungsfrist beträgt zwei Wochen. Begründeten Beschwerden hat die Flurbereinigungsbehörde abzuhelfen. Die nach Abschluß der Verhandlungen verbleibenden Beschwerden legt die Flurbereinigungsbehörde der oberen Flurbereinigungsbehörde vor.

Der Flurbereinigungsplan steht rechtskräftig fest, wenn Beschwerden gegen ihn nicht erhoben sind oder wenn rechtskräftig über sie entschieden ist.

9. Die Ausführung des Flurbereinigungsplans

Nach Eintritt der Rechtskraft des Flurbereinigungsplans ordnet die Flurbereinigungsbehörde seine Ausführung an. In der Ausführungsanordnung ist der Tag festzusetzen, mit dem die rechtlichen Wirkungen des Flurbereinigungsplans eintreten. Sie ist öffentlich bekannt zu machen.

Durch Überleitungsbestimmungen, zu denen der Vorstand der Teilnehmergemeinschaft zu hören ist, regelt die Flurbereinigungsbehörde die tatsächliche Überleitung in den neuen Zustand, namentlich den Übergang des Besitzes und der Nutzung der neuen Grundstücke. Die Überleitungsbestimmungen werden zur Einsichtnahme für die Beteiligen ausgelegt. Die Auslegung ist öffentlich bekannt zu machen. Über Beschwerden gegen die Überleitungsbestimmungen entscheidet die obere Flurbereinigungsbehörde. Zur Überleitung in den neuen Zustand gehört u. a. auch der Ausbau der gemeinschaftlichen Anlagen. Diese sind, soweit nicht ein anderer, z. B. ein Teilnehmer, dessen Zwecken sie in erster Linie dienen, den Ausbau übernimmt, von der Teilnehmergemeinschaft herzustellen und bis zur Übergabe an die Unterhaltungspflichtigen zu unterhalten. Sie werden in der Regel Eigentum der Gemeinde und sind von ihr zu unterhalten.

Die rechtlichen Wirkungen der Flurbereinigung treten mit dem Tage ein, der hierfür in der Ausführungsanordnung festgesetzt ist. Sie bestehen in erster Linie darin, daß die Abfindung jedes Beteiligten an die Stelle seiner alten Grundstücke und Rechte tritt, daß die neuen Grundstücke an Stelle der alten Eigentum der Teilnehmer werden und daß Rechte und Pflichten, die durch das Flurbereinigungsverfahren abgelöst oder aufgehoben werden, erlöschen.

Nach Eintritt des neuen Rechtszustands hat die Flurbereinigungsbehörde die Berichtigung der öffentlichen Bücher, wie des Grundbuchs, des Liegenschaftskatasters und des Wasserrechtsbuchs zu veranlassen.

10. Die Schlußfeststellung

Die Flurbereinigungsbehörde schließt das Verfahren durch die Feststellung ab, daß die Ausführung nach dem Flurbereinigungsplan bewirkt ist und daß den Beteiligten keine Ansprüche mehr zustehen, die im Flurbereinigungsverfahren hätten berücksichtigt werden müssen. Mit der Zustellung der Schlußfeststellung an die Teilnehmergemeinschaft ist das Flurbereinigungsverfahren beendet.

11. Vereinfachtes Flurbereinigungsverfahren

Ein vereinfachtes Flurbereinigungsverfahren kann in Teilen einer oder mehrerer Gemeinden durchgeführt werden, um die Nachteile zu beseitigen, die durch Anlegung, Änderung oder Beseitigung von Eisenbahnen, Straßenbahnen, Autobahnen, Wegen, Wasserläufen oder durch ähnliche Maßnahmen für die allgemeine Landeskultur entstehen oder entstanden sind. Ferner kommt das vereinfachte Verfahren zur Anwendung, um die Durchführung eines Bodenreform- oder Siedlungsverfahrens oder anderer Aufbaumaßnahmen zu erleichtern, und schließlich wenn in Weilern, kleineren Gemeinden und in Gebieten mit Einödshöfen zersplitterter Grundbesitz zusammengelegt werden soll und die Bildung eines größeren Flurbereinigungsgebiets nicht möglich ist, sowie wenn in bereits flurbereinigten Gemeinden eine stärkere Zusammenlegung der Gründstücke erforderlich ist. Die Vereinfachung besteht darin, daß nicht die obere Flurbereinigungsbehörde, sondern die Flurbereinigungsbehörde die Flurbereinigung anordnet, daß ferner die Anhörung der Beteiligten über die Ergebnisse der Schätzung mit der Bekanntmachung des Flurbereinigungsplans verbunden werden kann, daß von der Aufstellung des Wege- und Gewässerplans (S. 147) abgesehen werden kann und daß die Ausführungsverordnung und die Überleitungsbestimmungen den Beteiligten in Abschrift übersandt oder öffentlich bekannt gemacht werden können.

12. Sonderbestimmungen

Für die Bereitstellung von Land in großem Umfang im Wege der Flurbereinigung aus Anlaß von Enteignungsverfahren und für die beschleunigte Zusammenlegung zersplitterten ländlichen Grundbesitzes in Gemarkungen, in denen die Anlage eines neuen Wegnetzes oder größere wasserwirtschaftliche Maßnahmen zunächst nicht erforderlich sind, bestehen besondere Bestimmungen.

Stück 24. Die Kosten der Flurbereinigung

Zu den Flurbereinigungskosten gehören die Verfahrenskosten und die Ausführungskosten. Verfahrenskosten sind alle persönlichen und sächlichen Kosten, die durch das behördliche Verwaltungsverfahren entstehen. Sie werden durch das Land getragen, in dem die Flurbereinigungsbehörde ihren Sitz hat.

Die Ausführungskosten trägt die Teilnehmergemeinschaft. Sie umfassen die zur Herstellung der gemeinschaftlichen Anlagen erforderlichen Aufwendungen, die bei der Vermessung, Vermarkung und Schätzung der Grundstücke entstehenden Kosten für Arbeiterlöhne, Grenzsteine usw. sowie die Aufwendungen zur Erfüllung der Verbindlichkeiten der Teilnehmergemeinschaft und sind je nach der Geländegestaltung, der Bodenbeschaffenheit, dem Grad der Grundstückszersplitterung und dem Umfang der gemeinsamen Anlagen sehr verschieden. Sie bewegen sich zur Zeit zwischen 800 DM und 1300 DM je ha. Hierzu gewähren Bund und Länder erhebliche Beihilfen, so daß die Teilnehmer im allgemeinen nur 40—60% der Ausführungskosten aufbringen müssen.

Die durch die Flurbereinigung herbeigeführte Ertragssteigerung wird auf 25—30% geschätzt. Hieraus läßt sich die hohe Bedeutung der Flurbereinigung für die Verbesserung unserer Ernährungsgrundlage ermessen, wenn man in Betracht zieht, welch große Flächen in der Bundesrepublik Deutschland noch der Flurbereinigung bedürfen (s. Teil I, S. 9).

Namen- und Sachverzeichnis

Sammlung Göschen

Gesamtverzeichnis

Jeder Band DM 3,60 · Doppelband DM 5,80
Dreifachband DM 7,80

Herbst 1967

Walter de Gruyter & Co · Berlin 30

Die Bände der **Sammlung Göschen** vermitteln in konzentrierter Form den grundlegenden Stoff für das Studium der einzelnen wissenschaftlichen Disziplinen. Sie sind nicht nur Hilfsmittel für die Arbeit an Universitäten und Hochschulen, sondern auch vorzüglich geeignet für Fachschulen, Arbeitskreise und zum Selbststudium. Die Fülle des Materials hat sich besonders für die Vorbereitung zu Examina und Prüfungen bewährt. Auch eine schnelle Orientierung geht hier niemals auf Kosten der Gründlichkeit.

Inhaltsübersicht

Geisteswissenschaften

Philosophie

Einführung in die Philosophie von H. Leisegang†. 6. Aufl. 146 S. 1966. (281)

Hauptprobleme der Philosophie von G. Simmel†. 8., unveränd. Aufl. 177 S. 1964. (500)

Geschichte der Philosophie

I: Die griechische Philosophie von W. Capelle. 1. Tl. Von Thales bis Leukippos. 3., erw. Aufl. Etwa 135 S. In Vorb. (857)

II: Die griechische Philosophie von W. Capelle. 2. Tl. Von der Sophistik bis zum Tode Platons. 3., stark erw. Aufl. Etwa 144 S. In Vorb. (858)

III: Die griechische Philosophie von W. Capelle. 3. Tl. Vom Tode Platons bis zur Alten Stoa. 2., stark erw. Aufl. 132 S. 1954. (859)

IV: Die griechische Philosophie von W. Capelle. 4. Tl. Von der Alten Stoa bis zum Eklektizismus im 1. Jh. v. Chr. 2., stark erw. Aufl. 132 S. 1954. (863)

V: Die Philosophie des Mittelalters von J. Koch. In Vorb. (826)

VI: Von der Renaissance bis Kant von K. Schilling. 234 S. 1954. (394/394a)

VII: Immanuel Kant von F. Kaulbach. In Vorb. (536)

VIII: Die Philosophie des 19. Jahrhunderts von G. Lehmann. 1. Tl. 151 S. 1953. (571)

IX: Die Philosophie des 19. Jahrhunderts von G. Lehmann. 2. Tl. 168 S. 1953. (709)

X: Die Philosophie im ersten Drittel des 20. Jahrhunderts 1. Tl. von G. Lehmann. 128 S. 1957 (845)

XI: Die Philosophie im ersten Drittel des 20. Jahrhunderts 2. Tl. von G. Lehmann. 114 S. 1960. (850)

Die geistige Situation der Zeit (1931) von K. Jaspers. 6. Abdr. der im Sommer 1932 bearb. 5. Aufl. 211 S. 1965. (1000)

Formale Logik von P. Lorenzen. 3., durchges. u. erw. Aufl. 184 S. 1967. (1176/1176a)

Philosophisches Wörterbuch von M. Apel†. 5., völl. neu bearb. Aufl. von P. Ludz. 315 S. 1958. (1031/1031a)

Philosophische Anthropologie. Menschliche Selbstdeutung in Geschichte und Gegenwart von M. Landmann. 2., durchges. Aufl. 223 S. 1964. (156/156a)

Pädagogik, Psychologie, Soziologie

Geschichte der Pädagogik von Herm. Weimer. 17., neubearb. Aufl. von Heinz Weimer 205 S. 1967. (145/145a)

Therapeutische Psychologie. Ihr Weg durch die Psychoanalyse von W. M. Kranefeldt M. e. Einf. von C. G. Jung. 3. Aufl. 152 S. 1956. (1034)

Allgemeine Psychologie von Th Erismann†. 4 Bde.
- I: Grundprobleme. 3. Aufl. 146 S. 1965. (831)
- II: Grundarten des psychischen Geschehens. 2., neubearb. Aufl. 248 S. 1959. (832/832a)
- III: Experimentelle Psychologie und ihre Grundlagen. 1. Tl. 2., neubearb. Aufl. 112 S., 7 Abb. 1962. (833)
- IV: Experimentelle Psychologie und ihre Grundlagen. 2. Tl. 2., neubearb. Aufl. 199 S. 20 Abb. 1962. (834/834a)

Soziologie. Geschichte und Hauptprobleme von L. von Wiese. 8. Aufl. 183 S. 1967. (101/101a)

Ideengeschichte der sozialen Bewegung des 19. und 20. Jh. von W. Hofmann. 2. Aufl. In Vorb (1205/1205a)

Sozialpsychologie von P.R. Hofstätter. 3. Aufl. 191 S., 18 Abb. 1967. (104/104a)

Psychologie des Berufs- und Wirtschaftslebens von W. Moede†. 190 S. 48 Abb. 1958. (851/851a)

Industrie- und Betriebssoziologie von R. Dahrendorf. 4. Aufl. 142 S., 3 Fig. 1967 (103)

Wirtschaftssoziologie von F. Fürstenberg. 122 S. 1961. (1193)

Einführung in die Sozialethik von H.-D. Wendland. 144 S. 1963. (1203)

Religion

Jesus von M. Dibelius†. 4. Aufl. m. e. Nachtr. von W. G. Kümmel. 140 S. 1966. (1130)

Paulus von M. Dibelius†. Nach dem Tode des Verf. hrsg. u. zu Ende gef. von W. G. Kümmel. 3., durchges. Aufl. 156 S. 1964. (1160)

Luther von F. Lau. 2., verb. Aufl. 153 S. 1966. (1187)

Melanchthon von R. Stupperich. 139 S. 1960. (1190)

Zwingli von F. Schmidt-Clausing. 119 S. 1965. (1219)

Schleiermacher. Leben und Werk von M. Redeker. In Vorb. (1177/1177a)

Sören Kierkegaard. Leben u. Werk von H. Gerdes. 134 S. 1966. (1221)

Einführung in die Konfessionskunde der orthodoxen Kirchen von K. Onasch. 291 S. 1962. (1197/1197a)

Geschichte des christlichen Gottesdienstes von W. Nagel. 215 S. 1962. (1202/1202a)

Geschichte Israels. Von den Anfängen bis zur Zerstörung des Tempels (70 n. Chr.) von E. L. Ehrlich. 2. Aufl. In Vorb. (231/231 a)

Römische Religionsgeschichte von F. Altheim. 2 Bde. 2., umgearb. Aufl.
I: Grundlagen und Grundbegriffe. 116 S. 1956. (1035)
II: Der geschichtliche Ablauf. 164 S. 1956. (1052)

Die Religion des Buddhismus von D. Schlingloff. 2 Bde.
I: Der Heilsweg des Mönchstums. 122 S., 11 Abb., 1 Kte. 1962. (174)
II: Der Heilsweg für die Welt. 129 S., 9 Abb., 1 Kte. 1963. (770)

Musik

Musikästhetik von H. J. Moser. 180 S. M. zahlr. Notenbeisp. 1953. (344)

Systematische Modulation von R. Hernried. 2. Aufl. 136 S. M. zahlr. Notenbeisp. 1950. (1094)

Der polyphone Satz von E. Pepping. 2 Bde.
I: Der cantus-firmus-Satz. 2. Aufl. 233 S. Mit zahlr. Notenbeisp. 1950. (1148)
II: Übungen im doppelten Kontrapunkt und im Kanon. 137 S. M. zahlr. Notenbeisp. 1957. (1164/1164 a)

Allgemeine Musiklehre von H. J. Moser. 2., durchges. Aufl. 155 S. M. zahlr. Notenbeisp. 1955. (220/220 a)

Harmonielehre von H. J. Moser. 2 Bde.
I: 109 S. M. 120 Notenbeisp. 1954. (809)
II: In Vorb. (810)

Die Musik des 19. Jahrhunderts von W. Oehlmann. 180 S. 1953. (170)

Die Musik des 20. Jahrhunderts von W. Oehlmann. 312 S. 1961. (171/171 a)

Technik der deutschen Gesangskunst von H. J. Moser. 3., durchges. u. verb. Aufl. 144 S., 5 Fig., sowie Tab. u. Notenbeisp. 1954. (576/576 a)

Die Kunst des Dirigierens von H. W. von Waltershausen†. 2., verm. Aufl. 138 S. M. 19 Notenbeisp. 1954. (1147)

Die Technik des Klavierspiels aus dem Geiste des musikalischen Kunstwerkes von K. Schubert†. 3. Aufl. 110 S. M. Notenbeisp. 1954. (1045)

Kunst

Stilkunde von H. Weigert. 2 Bde.
I: Vorzeit, Antike, Mittelalter. 4. Aufl. Etwa 136 S., 94 Abb. In Vorb. (80)
II: Spätmittelalter und Neuzeit. 3., durchges. u. erg. Aufl. 150 S., 88 Abb. 1958. (781)

Archäologie von A. Rumpf. 3 Bde.
I: Einleitung, historischer Überblick. 143 S., 6 Abb., 12 Taf. 1953. (538)
II: Die Archäologensprache. Die antiken Reproduktionen. 136 S., 7 Abb., 12 Taf. 1956. (539)
III: In Vorb. (540)

Geschichte

Einführung in die Geschichtswissenschaft von P. Kirn. 5., bearb. u. erg. Aufl. von J. Leuschner. 127 S. 1968. (270/270a)

Einführung in die Zeitgeschichte von B. Scheurig. 101 S. 1962. (1204)

Zeitrechnung der römischen Kaiserzeit, des Mittelalters und der Neuzeit für die Jahre 1—2000 n. Chr. von H. Lietzmann†. 3. Aufl., durchges. von K. Aland. 130 S. 1956. (1085)

Kultur der Urzeit von F. Behn. 3 Bde. 4. Aufl. der Kultur der Urzeit Bd. 1—3 von M. Hoernes.
- I: Die vormetallischen Kulturen. (Die Steinzeiten Europas. Gleichartige Kulturen in anderen Erdteilen.) 172 S., 48 Abb. 1950. (564)
- II: Die älteren Metallkulturen. (Der Beginn der Metallbenutzung, Kupfer- und Bronzezeit in Europa, im Orient und in Amerika.) 160 S., 67 Abb. 1950. (565)
- III: Die jüngeren Metallkulturen. (Das Eisen als Kulturmetall, Hallstatt-Latène-Kultur in Europa. Das erste Auftreten des Eisens in den anderen Weltteilen.) 149 S. 60 Abb. 1950. (566)

Vorgeschichte Europas von F. Behn. Neuaufl. In Vorb. (42)

Der Eintritt der Germanen in die Geschichte von J. Haller†. 3. Aufl., durchges. von H. Dannenbauer. 120 S. 6 Kartensk. 1957. (1117)

Von den Karolingern zu den Staufern. Die altdeutsche Kaiserzeit (900—1250) von J. Haller†. 5., durchges. Aufl. von H. Dannenbauer. 142 S., 4 Ktn. 1968. In Vorb. (1065)

Von den Staufern zu den Habsburgern. Auflösung des Reichs und Emporkommen der Landesstaaten (1250—1519) von J. Haller†. 2., durchges. Aufl. von H. Dannenbauer 118 S., 6 Kartensk. 1960. (1077)

Deutsche Geschichte im Zeitalter der Reformation, der Gegenreformation und des dreißigjährigen Krieges von F. Hartung. 2., durchges. Aufl. 128 S. 1963. (1105)

Deutsche Geschichte von 1648—1740. Politischer und geistiger Wiederaufbau von W. Treue. 120 S. 1956 (35)

Deutsche Geschichte von 1713—1806. Von der Schaffung des europäischen Gleichgewichts bis zu Napoleons Herrschaft von W. Treue. 168 S. 1957. (39)

Deutsche Geschichte von 1806—1890. Vom Ende des alten bis zur Höhe des neuen Reiches von W. Treue. 128 S 1961 . (893)

Deutsche Geschichte von 1890 bis zur Gegenwart von W. Treue. In Vorb. (894)

Quellenkunde der Deutschen Geschichte im Mittelalter (bis zur Mitte des 15. Jahrhunderts) von K. Jacob† 3 Bde.
- I: Einleitung Allgemeiner Teil. Die Zeit der Karolinger. 6. Aufl., bearb. von H. Hohenleutner. 127 S. 1959. (279)
- II: Die Kaiserzeit (911—1250). 5. Aufl., neubearb. von H. Hohenleutner. 141 S. 1961. (280)

III: Das Spätmittelalter (vom Interregnum bis 1500). Hrsg. von F. Weden. 152 S. 1952. (284)

Geschichte Englands von H. Preller. 2 Bde.
I: bis 1815. 4., erw. Aufl. Etwa 135 S., 7 Stammtaf., 2 Ktn. 1967. (375/375a)
II: Von 1815 bis 1910. 2., völl. umgearb. Aufl. 118 S., 1 Stammtaf., 7 Ktn. 1954. (1088)

Römische Geschichte von F. Altheim. 4 Bde. 2., verb. Aufl.
I: Bis zur Schlacht bei Pydna (168 v. Chr.). 124 S. 1956. (19)
II: Bis zur Schlacht bei Actium (31 v. Chr.). 129 S. 1956. (677)
III: Bis zur Schlacht an der Milvischen Brücke (312 n. Chr.). 148 S. 1958. (679)
IV: Bis zur Schlacht am Yarmuk (636 n. Chr.). In Vorb. (684)

Geschichte der Vereinigten Staaten von Amerika von O. Graf zu Stolberg-Wernigerode. 192 S., 10 Ktn. 1956. (1051/1051a)

Deutsche Sprache und Literatur

Geschichte der deutschen Sprache von H. Sperber. 5., neubearb. Aufl. von P. von Polenz. 136 S. 1966. (915)

Deutsches Rechtschreibungswörterbuch von M. Gottschaldt†. 2., verb. Aufl. 269 S. 1953. (200/200a)

Deutsche Wortkunde. Kulturgeschichte des deutschen Wortschatzes von A. Schirmer. 5. Aufl. von W. Mitzka. 125 S. 1965. (929)

Deutsche Sprachlehre von W. Hofstaetter. 10. Aufl. Völl. Umarb. der 8. Aufl. 150 S. 1960. (20)

Stimmkunde für Beruf, Kunst und Heilzwecke von H. Biehle. 111 S. 1955. (60)

Redetechnik. Einführung in die Rhetorik von H. Biehle. 2., erw. Aufl. 151 S. 1961. (61)

Grundlagen der Sprecherziehung von J. Jesch. 93 S., 8 Abb. 1967. (1122)

Deutsches Dichten und Denken von der germanischen bis zur staufischen Zeit von H. Naumann†. (Deutsche Literaturgeschichte vom 5.—13. Jahrhundert.) 3., verb. Aufl. In Vorb. (1121)

Deutsches Dichten und Denken vom Mittelalter zur Neuzeit von G. Müller (1270 bis 1700). 3., durchges. Aufl. In Vorb. (1086)

Deutsches Dichten und Denken von der Aufklärung bis zum Realismus (Deutsche Literaturgeschichte von 1700—1890) von K. Viëtor†. 3., durchges. Aufl. 159 S. 1958. (1096)

Deutsche Heldensage von H. Schneider. 2. Aufl., bearb. von R. Wisniewski. 148 S. 1964. (32)

Der Nibelunge Nôt in Auswahl. Mit kurzem Wörterbuch hrsg. von K. Langosch. 11., durchges. Aufl. 166 S. 1966. (1)

Kudrun und Dietrich-Epen in Auswahl mit Wörterbuch von O. L. Jiriczek. 6. Aufl., bearb. von R. Wisniewski. 173 S. 1957. (10)

Wolfram von Eschenbach, Parzifal. Eine Auswahl mit Anmerkungen und Wörterbuch von H. Jantzen. 3. Aufl., bearb. von H. Kolb. 128 S. 1966. (921)

Hartmann von Aue. Der arme Heinrich nebst einer Auswahl aus der „Klage" dem „Gregorius" und den Liedern (mit einem Wörterverzeichnis) hrsg. von F. Maurer. 2. Aufl. 96 S. 1968. Im Druck. (18)

Gottfried von Straßburg. Tristan und Isolde in Auswahl hrsg. von F. Maurer. 2. Aufl. 142 S. 1965. (22)

Die deutschen Personennamen von M. Gottschaldt†. 2., verb. Aufl. 151 S. 1955. (422)

Althochdeutsches Elementarbuch. Grammatik und Texte von H. Naumann† u. W. Betz. 4., verb. u. verm. Aufl. 183 S. 1967. (1111/1111a)

Mittelhochdeutsche Grammatik von H. de Boor u. R. Wisniewski. 5., durchges. Aufl. 150 S. 1967. (1108)

Indogermanisch, Germanisch

Indogermanische Sprachwissenschaft von H. Krahe. 2 Bde.
I: Einleitung und Lautlehre. 5. Aufl. 110 S. 1966. (59)
II: Formenlehre. 4., neubearb. Aufl. 100 S. 1963. (64)

Sanskrit-Grammatik mit sprachvergleichenden Erläuterungen von M. Mayrhofer. 2., völl. neu bearb. Aufl. 110 S. 1965. (1158/1158a)

Altirische Grammatik von J. Pokorny. 2. Aufl. 1968. (896/896a)

Gotisches Elementarbuch. Grammatik. Texte mit Übersetzung und Erläuterungen von H. Hempel. 4., neubearb. Aufl. 169 S. 1966. (79/79a)

Altnordisches Elementarbuch. Einführung, Grammatik, Texte (zum Teil mit Übersetzung) und Wörterbuch von F. Ranke. 3., völl. umgearb. Aufl. von D. Hofmann. 205 S. 1967. (1115/1115a/1115b)

Germanische Sprachwissenschaft von H. Krahe. 3 Bde.
I: Einleitung und Lautlehre. 6. Aufl. 147 S. 1966. (238)
II: Formenlehre. 6. Aufl. 149 S. 1967. (780)
III: Wortbildungslehre von W. Meid. 270 S. 1967. (1218/1218a/1218b)

Englisch, Romanisch

Altenglisches Elementarbuch. Einführung, Grammatik, Texte mit Übersetzung und Wörterbuch von M. Lehnert. 6., verb. Aufl. 178 S. 1965. (1125)

Mittelenglisches Elementarbuch von H. Weinstock. 1967. In Vorb. (1226/1226a/1226b)

Historische neuenglische Laut- und Formenlehre von E. Ekwall. 4., verb. Aufl. 150 S. 1965. (735)

Englische Phonetik von H. Mutschmann†. 2. Aufl., bearb. von G. Scherer. 127 S. 1963. (601)

Englische Literaturgeschichte von F. Schubel. 4 Bde.
I: Die alt- und mittelenglische Periode. 2., neubearb. Aufl. 189 S. 1967. (1114/1114a)
II: Von der Renaissance bis zur Aufklärung. 160 S. 1956. (1116)
III: Romantik und Viktorianismus. 160 S. 1960. (1124)

Beowulf. Eine Auswahl mit Einführung, teilweiser Übersetzung, Anmerkungen und etymologischem Wörterbuch von M. Lehnert. 4., verb. Aufl. 135 S. 1967. (1135)

Shakespeare von P. Meißner†. 2. Aufl., neubearb. von M. Lehnert. 136 S. 1954. (1142)

Romanische Sprachwissenschaft von H. Lausberg. 4 Bde.
I: Einleitung und Vokalismus. 2., durchges. Aufl. 211 S. 1963. (128/128a)
II: Konsonantismus. 2., durchges. Aufl. 95 S. 1967. (250)
III: Formenlehre. 1. Teil. 99 S. 1962. (1199)
III: Formenlehre. 2. Teil. S. 99—260. 1962. (1200/1200a)
IV: Wortlehre. In Vorb. (1208)

Griechisch, Lateinisch

Griechische Sprachwissenschaft von W. Brandenstein. 3 Bde.
I: Einleitung, Lautsystem, Etymologie. 160 S. 1954. (117)
II: Wortbildung und Formenlehre. 192 S. 1959. (118/118a)
III: Syntax I. Einleitung. Die Flexibilien. 145 S. 1966. (924/924a)

Geschichte der griechischen Sprache. 2 Bde.
I: Bis zum Ausgang der klassischen Zeit von O. Hoffmann und A. Debrunner. 4., neubearb. Aufl. von A. Scherer. 1968. (111/111a)
II: Grundfragen und Grundzüge des nachklassischen Griechisch von A. Debrunner. 2. Aufl., bearb. von A. Scherer. 1968. (114/114a)

Geschichte der griechischen Literatur von W. Nestle. 2 Bde. 3. Aufl., bearb. von W. Liebich.
I: 144 S. 1961. (70)
II: 149 S. 1963. (557)

Grammatik der neugriechischen Volkssprache von J. Kalitsunakis. 3., wes. erw. u. verb. Aufl. 196 S. 1963. (756/756a)

Neugriechisch-deutsches Gesprächsbuch von J. Kalitsunakis. 2. Aufl., bearb. von A. Steinmetz. 99 S. 1960. (587)

Geschichte der lateinischen Sprache von F. Stolz u. A. Debrunner†. 4., stark umgearb. Aufl. von W. P. Schmid. 145 S. 1966. (492/492a)

Geschichte der römischen Literatur von L. Bieler. 2., verb. Aufl. 2 Bde.
I: Die Literatur der Republik. 160 S. 1965. (52)
II: Die Literatur der Kaiserzeit. 133 S. 1965. (866)

Orientalistik, Slavistik

Die Keilschrift von B. Meissner. 3. Aufl., neubearb. von K. Oberhuber. Etwa 150 S. 1967. (708/708a/708b)

Die Hieroglyphen von A. Erman. 3. Aufl., neu bearb. von O. Krückmann. 1968. In Vorb. (608/608a/608b)

Hebräische Grammatik von R. Meyer. 3 Bde.
- I: Einleitung, Schrift- und Lautlehre. 3., neubearb. Aufl. 120 S. 1966. (763/763a/763b)
- II: Formenlehre und Flexionstabellen. 3. Aufl. In Vorb. (764/764a/764b)
- III: Satzlehre. In Vorb. (765/765a/765b)

Hebräisches Textbuch zu G. Beer-R. Meyer, Hebräische Grammatik von R. Meyer. 170 S. 1960. (769/769a)

Slavische Sprachwissenschaft von H. Bräuer. 2 Bde.
- I: Einleitung, Lautlehre. 221 S. 1961 (1191/1191a)
- II: Formenlehre. 1. Tl. 1968. (1192/1192a)

Vergleichende Geschichte der slavischen Literaturen von D. Tschižewskij. 2 Bde. In Vorb.
- I: Einführung. Anfänge des slavischen Schrifttums bis zum Klassizismus. (1222/1222a)
- II: Romantik bis zur Moderne. (1223/1223a)

Russische Grammatik von E. Berneker†. 6., verb. Aufl. von M. Vasmer†. 155 S. 1961. (66)

Polnische Grammatik von N. Damerau. 139 S. 1967. (942/942a)

Erd- und Länderkunde, Kartographie

Afrika von F. Jaeger. Ein geographischer Überblick. 2 Bde. 3. Aufl.
- I: Der Lebensraum. 179 S., 18 Abb. In Vorb. (910)
- II: Mensch und Kultur. 155 S., 6 Abb. In Vorb. (911)

Australien und Ozeanien von H. J. Krug. 176 S., 46 Sk. 1953. (319)

Kartographie von V. Heissler. 2. Aufl. 213 S., 125 Abb., 8 Anl. 1966. (30/30a)

Wirtschaft, Statistik, Publizistik

Allgemeine Betriebswirtschaftslehre von K. Mellerowicz. 4 Bde. 11. u. 12. durchges. Aufl.
- I: 224 S. 1964. (1008/1008a)
- II: 188 S. 1966. (1153/1153a)
- III: 260 S. 1967. (1154/1154a)
- IV: 209 S. 1963. (1186/1186a)

Allgemeine Volkswirtschaftslehre von A. Paulsen. 4 Bde.
- I: Grundlegung, Wirtschaftskreislauf. 7. Aufl. 159 S., 11 Abb. 1966. (1169)
- II: Haushalte, Unternehmungen, Marktformen. 7. Aufl. 172 S., 31 Abb. 1966. (1170)

III: Produktionsfaktoren. 5., neubearb. u. erg. Aufl. 228 S., 24 Abb. 1967. (1171/1171 a)
IV: Gesamtbeschäftigung, Konjunkturen, Wachstum. 4., neubearb. u. erg. Aufl. 188 S. 1966. (1172)

Übungsaufgaben mit Lösungen zu A. Paulsen, Allgemeine Volkswirtschaftslehre I/II von W. Wedig. 177 S. 1967. (1227/1227 a)

Geschichte der Volkswirtschaftslehre von S. Wendt. 2., neubearb. Aufl. Etwa 182 S. 1968. (1194/1194 a)

Allgemeine Volkswirtschaftspolitik von H. Ohm. 2 Bde.
I: Systematisch-Theoretische Grundlegung. 2., verb. u. erg. Aufl. 137 S., 6 Abb. 1965. (1195)
II: Der volkswirtschaftliche Gesamtorganismus als Objekt der Wirtschaftspolitik. 180 S. 1967. (1196/1196 a)

Finanzwissenschaft von H. Kolms. 4 Bde.
I: Grundlegung, Öffentliche Ausgaben. 3., verb. Aufl. 165 S. 1966. (148)
II: Erwerbseinkünfte, Gebühren und Beiträge, Allgemeine Steuerlehre. 3., verb. Aufl. 154 S. 1966. (391)
III: Besondere Steuerlehre. 2., verb. u. erg. Aufl. 205 S. 1967. (776/776 a)
IV: Öffentlicher Kredit. Öffentlicher Haushalt. Finanzausgleich. 191 S. 1964. (782/782 a)

Finanzmathematik von M. Nicolas. 2., verb. Aufl. 192 S., 11 Taf., 8 Tab. u. 72 Beisp. 1967. (1183/1183 a)

Programmierung von Datenverarbeitungsanlagen von H. J. Schneider u. D. Jurksch. 111 S., 8 Tab., 11 Abb. 1967. (1225/1225 a)

Lineare Programmierung von H. Langen. Etwa 200 S. (1206/1206 a)

Buchhaltung und Bilanz von E. Kosiol. 2., überarb. u. veränd. Aufl. 186 S. 1967. (1213/1213 a)

Industrie- und Betriebssoziologie von R. Dahrendorf. 4. Aufl. 142 S., 3 Fig. 1967. (103)

Wirtschaftssoziologie von F. Fürstenberg. 122 S. 1961. (1193)

Psychologie des Berufs- und Wirtschaftslebens von W. Moede†. 190 S. 48 Abb. 1958. (851/851 a)

Einführung in die Arbeitswissenschaft von H. H. Hilf. 169 S., 57 Abb. 1964. (1212/1212 a)

Allgemeine Methodenlehre der Statistik von J. Pfanzagl. 2 Bde.
I: Elementare Methoden unter besonderer Berücksichtigung der Anwendungen in den Wirtschafts- und Sozialwissenschaften. 4., verb. Aufl. 266 S., 51 Abb. 1967. (746/746 a)
II: Höhere Methoden unter besonderer Berücksichtigung der Anwendungen in Naturwissenschaften, Medizin und Technik. 3., verb. Aufl. 315 S., 41 Abb. 1968. (747/747 a)

Zeitungslehre von E. Dovifat. 2 Bde. 5., neubearb. Aufl.
I: Theoretische und rechtliche Grundlagen — Nachricht und Meinung —Sprache und Form. 162 S. 1967 (1039/1039 a)
II: Redaktion — Die Sparten: Verlag und Vertrieb, Wirtschaft und Technik — Sicherung der öffentlichen Aufgabe. 179 S. 1967. (1040/1040 a)

Naturwissenschaften

Mathematik

Geschichte der Mathematik von J. E. Hofmann. 4 Bde.
I: Von den Anfängen bis zum Auftreten von Fermat und Descartes. 2., verb. u. verm. Aufl. 251 S. 1963. (226/226a)
II: Von Fermat und Descartes bis zur Erfindung des Calculus und bis zum Ausbau der neuen Methoden. 109 S. 1957. (875)
III: Von den Auseinandersetzungen um den Calculus bis zur französischen Revolution. 107 S. 1957. (882)
IV: Geschichte der Mathematik der neuesten Zeit von N. Stuloff. In Vorb. (883)

Mathematische Formelsammlung von F. O. Ringleb. 8., verb. Aufl. 322 S., 40 Fig. 1967. (51/51a)

Vierstellige Tafeln und Gegentafeln für logarithmisches und trigonometrisches Rechnen in zwei Farben zusammengestellt von H. Schubert und R. Haussner. 3. neubearb. Aufl. von J. Erlebach. 153 S. 1960. (81)

Fünfstellige Logarithmen mit mehreren graphischen Rechentafeln und häufig vorkommenden Zahlenwerten von A. Adler. 4. Aufl., überarb. von J. Erlebach. 127 S., 1 Taf. 1962. (423)

Arithmetik von P. B. Fischer†. 3. Aufl. von H. Rohrbach. 152 S., 19 Abb. 1958. (47)

Höhere Algebra von H. Hasse. 2 Bde. 5., neubearb. Aufl.
I: Lineare Gleichungen. 150 S. 1963. (931)
II: Gleichungen höheren Grades. 158 S., 5 Fig. 1967. (932)

Aufgabensammlung zur höheren Algebra von H. Hasse u. W. Klobe. 3., verb. Aufl. 183 S. 1961. (1082)

Elementare und klassische Algebra vom modernen Standpunkt von W. Krull. 2 Bde.
I: 3., erw. Aufl. 148 S. 1963. (930)
II: 132 S. 1959. (933)

Algebraische Kurven und Flächen von W. Burau. 2 Bde.
I: Algebraische Kurven der Ebene. 153 S., 28 Abb. 1962. (435)
II: Algebraische Flächen 3. Grades und Raumkurven 3. und 4. Grades. 162 S., 17 Abb. 1962. (436/436a)

Einführung in die Zahlentheorie von A. Scholz†. Überarb. u. hrsg. von B. Schoeneberg. 4. Aufl. 128 S. 1966. (1131)

Formale Logik von P. Lorenzen. 3., durchges. u. erw. Aufl. 184 S. 1967. (1176/1176a)

Topologie von W. Franz. 2 Bde.
I: Allgemeine Topologie. 2., verb. Aufl. 144 S., 9 Fig. 1965. (1181)
II: Algebraische Topologie. 153 S. 1965. (1182/1182a)

Elemente der Funktionentheorie von K. Knopp†. 7. Aufl. 144 S., 23 Fig. 1966. (1109)

Funktionentheorie von K. Knopp†. 2 Bde. 11. Aufl.
I: Grundlagen der allgemeinen Theorie der analytischen Funktionen. 144 S., 8 Fig. 1965. (668)
II: Anwendungen und Weiterführung der allgemeinen Theorie. 130 S., 7 Fig. 1965. (703)

Aufgabensammlung zur Funktionentheorie von K. Knopp†. 2 Bde.
I: Aufgaben zur elementaren Funktionentheorie. 7. Aufl. 135 S. 1965. (877)
II: Aufgaben zur höheren Funktionentheorie. 6. Aufl. 151 S. 1964. (878)

Differential- und Integralrechnung von M. Barner. (Früher Witting). 4 Bde.
I: Grenzwertbegriff, Differentialrechnung. 2., durchges. Aufl. 176 S., 39 Fig. 1963. (86)

Gewöhnliche Differentialgleichungen von G. Hoheisel. 7., neubearb. u. erw. Aufl. 142 S. 1965. (920/920a)

Partielle Differentialgleichungen von G. Hoheisel. 5., durchges. Aufl. Etwa 128 S. In Vorb. (1003)

Aufgabensammlung zu den gewöhnlichen und partiellen Differentialgleichungen von G. Hoheisel. 4., neubearb. Aufl. 153 S. 1964. (1059/1059a)

Integralgleichungen von G. Hoheisel. 2., neubearb. u. erw. Aufl. 112 S. 1963. (1099)

Mengenlehre von E. Kamke. 5. Aufl. 194 S., 6 Fig. 1965. (999/999a)

Gruppentheorie von L. Baumgartner. 4., erw. Aufl. 190 S., 3 Taf. 1964. (837/837a)

Ebene und sphärische Trigonometrie von G. Hessenberg†. 5. Aufl. durchges. von H. Kneser. 172 S., 60 Fig. 1957. (99)

Darstellende Geometrie von W. Haack. 3 Bde.
I: Die wichtigsten Darstellungsmethoden. Grund- und Aufriß ebenflächiger Körper 6. Aufl. 113 S., 120 Abb. 1967. (142)
II: Körper mit krummen Begrenzungsflächen. Kotierte Projektionen. 5., durchges. Aufl. 129 S., 86 Abb. 1967. (143)
III: Axonometrie und Perspektive. 3. Aufl. 129 S., 100 Abb. 1965. (144)

Analytische Geometrie von K. P. Grotemeyer. 3., neubearb. Aufl. 218 S., 73 Abb. 1964. (65/65a)

Nichteuklidische Geometrie. Hyperbolische Geometrie der Ebene von R. Baldus†. 4. Aufl., bearb. u. erg. von F. Löbell. 158 S., 75 Fig. 1964. (970/970a)

Differentialgeometrie von K. Strubecker. 3 Bde.
- I: Kurventheorie der Ebene und des Raumes. 2., erw. Aufl. 253 S., 45 Fig. 1964. (1113/1113a)
- II: Theorie der Flächenmetrik. 195 S., 14 Fig. 1958. (1179/1179a)
- III: Theorie der Flächenkrümmung. 254 S., 38 Fig. 1959. (1180/1180a)

Variationsrechnung von L. Koschmieder. 2 Bde. 2., neubearb. Aufl.
- I: Das freie und gebundene Extrem einfacher Grundintegrale. 128 S., 23 Fig. 1962. (1074)
- II: Anwendung klassischer Verfahren auf allgemeine Fragen des Extrems. — Neuere unmittelbare Verfahren. In Vorb. (1075)

Einführung in die konforme Abbildung von L. Bieberbach. 6., neubearb. Aufl. 184 S., 41 Zeichng. 1967. (768/768a)

Vektoren und Matrizen von S. Valentiner. 4. Aufl. (11., erw. Aufl der „Vektoranalysis"). Mit Anh.: Aufgaben zur Vektorrechnung von H. König. 205 S., 35 Fig. 1967. (354/354a)

Wahrscheinlichkeitstheorie und Grundzüge der Maßtheorie von H. Bauer. 2 Bde.
- I: 154 S. 1964. (1216/1216a)
- II: In Vorb. (1217)

Kinematik von H. R. Müller. 171 S., 75 Fig. 1963. (584/584a)

Versicherungsmathematik von F. Böhm. 2 Bde.
- I: Elemente der Versicherungsrechnung. 4. Aufl. In Vorb. (180)
- II: Lebensversicherungsmathematik. Einführung in die technischen Grundlagen der Sozialversicherung. 2., verb. u. verm. Aufl. 205 S. 1953. (917/917a)

Finanzmathematik von M. Nicolas, 2., verb. Aufl. 192 S., 11 Taf., 8 Tab. u. 72 Beisp. 1967. (1183/1183a)

Lineare Programmierung von H. Langen. Etwa 200 S. (1206/1206a)

Progammierung von Datenverarbeitungsanlagen von H. J. Schneider u. D. Jurksch. 111 S., 8 Tab., 11 Abb. 1967. (1225/1225a)

Physik

Einführung in die theoretische Physik von W. Döring. 5 Bde.
- I: Mechanik. 3., verb. Aufl. 125 S., 23 Abb. 1965. (76)
- II: Das elektromagnetische Feld. 3., umgearb. Aufl. Etwa 135 S., 15 Abb. 1968. (77/77a)
- III: Optik. 2., verb. Aufl. 117 S., 32 Abb. 1963. (78)
- IV: Thermodynamik. 2., verb. Aufl. 107 S., 9 Abb. 1964. (374)
- V: Statistische Mechanik. 2., umgearb. Aufl. 117 S., 10 Abb. 1966. (1017)

Mechanik deformierbarer Körper von M. Päsler. 199 S., 48 Abb. 1960. (1189/1189a)

Atomphysik von K. Bechert, Ch. Gerthsen† u. A. Flammersfeld. 4 Bde. 4., durchges. Aufl.
- I: Allgemeine Grundlagen. 1. Teil von A. Flammersfeld. Neuaufl. in Vorb. (1009)

II: Allgemeine Grundlagen. 2. Teil von A. Flammersfeld. Neuaufl. in Vorb. (1033)
III: Theorie des Atombaus. 1. Teil von K. Bechert. 148 S., 16 Abb. 1963. (1123/1123 a)
IV: Theorie des Atombaus. 2. Teil von K. Bechert. 170 S., 14 Abb. 1963. (1165/1165 a)

Differentialgleichungen der Physik von F. Sauter. 4., durchges. u. erg. Aufl. 147 S., 16 Fig. 1966. (1070)

Physikalische Formelsammlung von G. Mahler†. Fortgef. von K. Mahler. Neubearb. von E. Sohr. 12. Aufl. 167 S., 69 Fig. 1967. (136/136 a)

Physikalische Aufgabensammlung mit Ergebnissen von G. Mahler†. Fortgef. von K. Mahler. Neubearb. von H. Graewe. 12. Aufl. 141 S. 1964. (243)

Chemie

Geschichte der Chemie in kurzgefaßter Darstellung von G. Lockemann. 2 Bde. 2. Aufl.
I: Vom Altertum bis zur Entdeckung des Sauerstoffs. 142 S., 4 Bildn. In Vorb. (264)
II: Von der Entdeckung des Sauerstoffs bis zur Gegenwart. 151 S., 16 Bildn. In Vorb. (265/265 a)

Anorganische Chemie von W. Klemm. 14. Aufl. 255 S., 34 Abb. 1967. (37/37 a)

Organische Chemie von W. Schlenk jun. 10., erw. Aufl. 273 S., 16 Abb. 1965. (38/38 a)

Physikalische Methoden in der Organischen Chemie von G. Kresze. 2 Bde.
I: 119 S., 65 Abb. 1962. (44)
II: 164 S. 1962. (45/45 a)

Allgemeine und physikalische Chemie von W. Schulze. 2 Bde.
I: 6., verb. Aufl. 139 S., 10 Fig. 1964. (71)
II: 6., erw. Aufl. Etwa 178 S. 49 Fig. 1968. (698/698 a)

Molekülbau. Theoretische Grundlagen und Methoden der Strukturermittlung von W. Schulze. 123 S., 43 Fig. 1958. (786)

Einfache Versuche zur allgemeinen und physikalischen Chemie von E. Dehn. 371 Versuche m. 40 Abb. 272 S. 1962. (1201/1201 a)

Physikalisch-chemische Rechenaufgaben von E. Asmus. 4., verb. Aufl. 96 S. 1967. (445)

Maßanalyse. Theorie und Praxis der klassischen und der elektrochemischen Titrierverfahren von G. Jander und K. F. Jahr. 11., durchges. Aufl., mitbearb. von H. Knoll. 359 S., 56 Fig. 1966. (221/221 a)

Qualitative Analyse von H. Hofmann u. G. Jander. 3., durchges. u. verb. Aufl. 308 S., 5 Abb. 1967. (247/247 a)

Stöchiometrische Aufgabensammlung von W. Bahrdt† u. R. Scheer. Mit den Ergebnissen. 9., durchges. Aufl. 119 S. 1967. (452/452 a)

Elektrochemie von K. Vetter. 2 Bde.
I: In Vorb. (252)
II: In Vorb. (253)

Geochemie von K. H. Wedepohl. 221 S., 26 Abb., 37 Tab. 1967. (1224/1224a/1224b)

Kristallchemie von J. Zemann. 144 S., 90 Abb. 1966. (1220/1220a)

Technologie

Die Chemie der Kunststoffe von K. Hamann. 2., neu überarb. Aufl. unt. Mitarb. von W. Funke u. K. Nollen. 177 S. 1967. (1173/1173a)

Warenkunde von K. Hassak u. E. Beutel†. 2 Bde.
I: Anorganische Waren sowie Kohle und Erdöl. 8. Aufl. Neubearb. von A. Kutzelnigg. 119 S., 18 Fig. 1958. (222)
II: Organische Waren. 8. Aufl. Vollst. neu bearb. von A. Kutzelnigg. 157 S., 32 Fig. 1959. (223)

Die Fette und Öle von Th. Klug. 6., verb. Aufl. 143 S. 1961. (335)

Die Seifenfabrikation von K. Braun†. 3., neubearb. u. verb. Aufl. von Th. Klug 116 S., 18 Abb. 1953. (336)

Thermische Verfahrenstechnik von H. Bock. 3 Bde.
I: Eigenschaften und Verhalten der realen Stoffe. 184 S., 28 Abb. 1963. (1209/1209a)
II: Funktion und Berechnung der elementaren Geräte. 195 S., 54 Abb. 1964. (1210/1210a)
III: Fließbilder, ihre Funktion und ihr Zusammenbau aus Geräten. 224 S., 67 Abb. 1965. (1211/1211a)

Textilindustrie von A. Blümcke.
I: Spinnerei und Zwirnerei. 111 S., 43 Abb. 1954. (184)

Biologie

Einführung in die allgemeine Biologie und ihre philosophischen Grund- und Grenzfragen von M. Hartmann. 2., unveränd. Aufl. 132 S., 2 Abb. 1965. (96)

Hormone von G. Koller. 2., neubearb. u. erw. Aufl. 187 S., 60 Abb., 19 Tab. 1949. (1141)

Fortpflanzung im Tier- und Pflanzenreich von J. Hämmerling. 2., erg. Aufl. 135 S., 101 Abb. 1951. (1138)

Geschlecht und Geschlechtsbestimmung im Tier- und Pflanzenreich von M. Hartmann. 2., verb. Aufl. 116 S., 61 Abb., 7 Tab. 1951. (1127)

Symbiose der Tiere mit pflanzlichen Mikroorganismen von P. Buchner. 2., verb. u. verm. Aufl. 130 S., 121 Abb. 1949. (1128)

Grundriß der allgemeinen Mikrobiologie von W. u. A. Schwartz. 2 Bde. 2., verb. u. erg. Aufl.
I: 147 S., 25 Abb. 1960. (1155)
II: 142 S., 29 Abb. 1961. (1157)

Botanik

Entwicklungsgeschichte des Pflanzenreiches von H. Heil. 2. Aufl. 138 S., 94 Abb., 1 Tab. 1950. (1137)

Morphologie der Pflanzen von L. Geitler. 3., umgearb. Aufl. 126 S., 114 Abb. 1953. (141)

Pflanzengeographie von L. Diels†. 5., völl. neu bearb. Aufl. von F. Mattick. 195 S., 2 Ktn. 1958. (389/389a)

Die Laubhölzer. Kurzgefaßte Beschreibung der in Mitteleuropa gedeihenden Laubbäume und Sträucher von F. W. Neger† und E. Münch†. 3., durchges. Aufl., hrsg. von B. Huber. 143 S., 63 Fig., 7 Tab. 1950. (718)

Die Nadelhölzer (Koniferen) und übrigen Gymnospermen von F. W. Neger† und E. Münch†. 4. Aufl., durchges. u. erg. von B. Huber. 140 S., 75 Fig., 4 Tab., 3 Ktn. 1952. (355)

Pflanzenzüchtung von H. Kuckuck. 2 Bde.
- I: Grundzüge der Pflanzenzüchtung. 3., völl. umgearb. u. erw. Aufl. 132 S., 22 Abb. 1952. (1134)
- II: Spezielle gartenbauliche Pflanzenzüchtung (Züchtung von Gemüse, Obst und Blumen). 2. Aufl. In Vorb. (1178/1178a)

Zoologie

Entwicklungsphysiologie der Tiere von F. Seidel. 2 Bde. 2. Aufl.
- I: Ei und Furchung. Etwa 160 S., 61 Abb. (1162)
- II: Körpergrundgestalt und Organbildung. In Vorb. (1163)

Vergleichende Physiologie der Tiere von K. Herter. 2 Bde. 4. Aufl. der „Tierphysiologie".
- I: Stoff- und Energiewechsel. Neu bearb. von K. Urich. 153 S., 61 Abb. 1966. (972/972a)
- II: Bewegung und Reizerscheinungen. Neu bearb. von G. Birukow. In Vorb. (973/973a)

Das Tierreich
- I: Einzeller, Protozoen von E. Reichenow. 115 S., 59 Abb. 1956. (444)
- II: Schwämme und Hohltiere von H. J. Hannemann. 95 S., 80 Abb. 1956. (442)
- III: Würmer. Platt-, Hohl-, Schnurwürmer, Kamptozoen, Ringelwürmer, Protracheaten, Bärtierchen, Zungenwürmer von S. Jaeckel. 114 S., 36 Abb. 1955. (439)
- IV, 1: Krebse von H. E. Gruner und K. Deckert. 114 S., 43 Abb. 1956. (443)
- IV, 2: Spinnentiere (Trilobitomorphen, Fühlerlose) und Tausendfüßler von A. Kaestner. 96 S., 55 Abb. 1955. (1161)
- IV, 3: Insekten von H. von Lengerken. 2., neubearb. Aufl. 140 S., 59 Abb. 1966. (594)
- V: Weichtiere. Urmollusken, Schnecken, Muscheln und Kopffüßer von S. Jaeckel. 92 S., 34 Fig. 1954. (440)

VI: Stachelhäuter. Tentakulaten, Binnenatmer und Pfeilwürmer von S. Jaeckel. 100 S., 46 Abb. 1955. (441)
VII, 1: Manteltiere, Schädellose, Rundmäuler von H. Fechter. In Vorb. (448)
VII, 2: Fische von D. Lüdemann. 130 S., 65 Abb. 1955. (356)
VII, 3: Lurche (Chordatiere) von K. Herter. 143 S., 129 Abb. 1955. (847)
VII, 4: Kriechtiere (Chordatiere) von K. Herter. 200 S., 142 Abb. 1960. (447/447 a)
VII, 5: Vögel (Chordatiere) von H.-A. Freye. 156 S., 69 Fig. 1960. (869)
VII, 6: Säugetiere (Chordatiere) von Th. Haltenorth. In Vorb. (282/282 a)

Land- und Forstwirtschaft

Landwirtschaftliche Tierzucht. Die Züchtung und Haltung der landwirtschaftlichen Nutztiere von H. Vogel. 139 S., 11 Abb. 1952. (228)

Kulturtechnische Bodenverbesserungen von O. Fauser. 2 Bde. 5., verb. u. verm. Aufl.
I: Allgemeines, Entwässerung. 127 S., 49 Abb. 1959. (691)
II: Bewässerung, Ödlandkultur, Flurbereinigung. 159 S., 71 Abb. 1961. (692)

Agrikulturchemie von K. Scharrer. 2 Bde.
I: Pflanzenernährung. 143 S. 1953. (329)
II: Futtermittelkunde. 192 S. 1956. (330/330 a)

Geologie, Mineralogie, Kristallographie

Geologie von F. Lotze. 3., verb. Aufl. 179 S., 80 Abb. 1965. (13/13 a)

Mineral- und Erzlagerstättenkunde von H. Huttenlocher†. 2 Bde. 2., neubearb. Aufl. von P. Ramdohr.
I: 137 S., 40 Abb., 2 Tab. 1965. (1014/1014 a)
II: 135 S., 41 Abb. 1965. (1015/1015 a)

Allgemeine Mineralogie. 12., erw. Aufl. der „Mineralogie" von R. Brauns† neubearb. von K. F. Chudoba. 152 S., 143 Textfig., 1 Taf., 3 Tab. 1968. (29/29 a)

Spezielle Mineralogie. 11., erw. Aufl. der „Mineralogie" von R. Brauns†, bearb. von K. F. Chudoba. 193 S., 127 Textfig., 6 Tab. 1964. (31/31 a)

Petrographie (Gesteinskunde) von W. Bruhns†. Neubearb. von P. Ramdohr. 6., erw. Aufl. 141 S., 21 Fig. 1966. (173)

Geochemie von K. H. Wedepohl. 221 S., 26 Abb., 37 Tab. 1967. (1224/1224 a/1224 b)

Kristallchemie von J. Zemann. 144 S., 90 Abb. 1966. (1220/1220 a)

Kristallographie von W. Bruhns†. 6. Aufl., neubearb. von P. Ramdohr. 115 S., 164 Abb. 1965. (210)

Einführung in die Kristalloptik von E. Buchwald. 5., verb. Aufl. 128 S., 117 Fig. 1963 (619/619 a)

Lötrohrprobierkunde. Mineraldiagnose mit Lötrohr und Tüpfelreaktion von M. Henglein. 4., durchges. u. erw. Aufl. 108 S., 12 Fig. 1962. (483)

Technik

Graphische Darstellung in Wissenschaft und Technik von M. Pirani. 3., erw. Aufl. bearb. von J. Fischer unt. Benutzg. der von I. Runge bes. 2. Aufl. 216 S., 104 Abb. 1957. (728/728a)

Technische Tabellen und Formeln von W. Müller. 5., verb. u. erw. Aufl. von E. Schulze. 165 S., 114 Abb., 99 Taf. 1962. (579)

Einführung in die Arbeitswissenschaft von H. H. Hilf. 164 S., 57 Abb. 1964. (1212/1212a)

Grundlagen der Straßenverkehrstechnik. Theorie der Leistungsfähigkeit von E. Engel. 101 S., 55 Abb. 1962. (1198)

Elektrotechnik

Grundlagen der allgemeinen Elektrotechnik von O. Mohr. 3. Aufl. 260 S., 136 Bild., 14 Taf. 1965. (196/196a)

Die Gleichstrommaschine von K. Humburg. 2 Bde. 3. Aufl.
I: Etwa 102 S., 59 Abb. In Vorb. (257)
II: Etwa 101 S., 38 Abb. In Vorb. (881)

Die Synchronmaschine von W. Putz. 92 S., 64 Bild. 1962. (1146)

Induktionsmaschinen von F. Unger. 3. Aufl. In Vorb. (1140)

Die komplexe Berechnung von Wechselstromschaltungen von H. H. Meinke. 3., neubearb. Aufl. 185 S., 126 Abb. 1965. (1156/1156a)

Theoretische Grundlagen zur Berechnung der Schaltgeräte von F. Kesselring. 4. Aufl. 1968. (711/711a/711b)

Einführung in die Technik selbsttätiger Regelungen von W. zur Megede. 3., überarb. u. erw. Aufl. Etwa 180 S., 86 Abb. 1968. In Vorb. (714/714a)

Elektromotorische Antriebe von W. Meyer. 223 S., 113 Abb. 1967. (827/827a/827b)

Überspannungen und Überspannungsschutz von G. Frühauf. Durchges. Neudr. 122 S., 98 Abb. 1950. (1132)

Elektrische Höchstspannungs-Schaltanlagen. Für Freiluft und Innenanordnung von G. Meiners u. K.-H. Wiesenewsky. 138 S., 58 Abb. 1964. (796/796a)

Transformatoren von W. Schäfer. 5., überarb. u. erg. Aufl. 130 S., 73 Abb. 1967. (952/952a)

Maschinenbau

Thermische Verfahrenstechnik von H. Bock. 3 Bde.
- I: Eigenschaften und Verhalten der realen Stoffe. 184 S., 28 Abb. 1963. (1209/1209 a)
- II: Funktion und Berechnung der elementaren Geräte. 195 S., 54 Abb. 1964. (1210/1210a)
- III: Fließbilder, ihre Funktion und ihr Zusammenbau aus Geräten. 224 S., 67 Abb. 1965. (1211/1211 a)

Technische Thermodynamik von U. Grigull. 171 S., 74 Abb. 1966. (1084/1084 a)

Metallkunde von H. Borchers. 3 Bde.
- I: Aufbau der Metalle und Legierungen. 6. Aufl. 120 S., 90 Abb., 2 Tab. 1964. (432)
- II: Eigenschaften, Grundzüge der Form- und Zustandsgebung. 5., erg. u. durchges. Aufl. 182 S., 107 Abb., 10 Tab. 1963. (433/433 a)
- III: Die metallkundlichen Untersuchungsmethoden von E. Hanke. In Vorb. (434)

Die Werkstoffe des Maschinenbaues von A. Thum† und C. M. v. Meysenbug. 2 Bde.
- I: Einführung in die Werkstoffprüfung. 3. Aufl. In Vorb. (476)
- II: Die Konstruktionswerkstoffe. 132 S., 40 Abb. 1959. (936)

Dynamik von W. Müller. 2 Bde. 2., verb. Aufl.
- I: Dynamik des Einzelkörpers. 128 S., 48 Fig. 1952. (902)
- II: Systeme von starren Körpern. 102 S., 41 Fig. 1952. (903)

Technische Schwingungslehre von L. Zipperer. 2 Bde. 2., neubearb. Aufl.
- I: Allgemeine Schwingungsgleichungen, einfache Schwinger. 120 S., 101 Abb. 1953. (953)
- II: Torsionsschwingungen in Maschinenanlagen. 102 S., 59 Abb. 1955. (961/961 a)

Werkzeugmaschinen für Metallbearbeitung von K. P. Matthes. 2 Bde.
- I: 100 S., 27 Abb., 11 Zahlentaf., 1 Tafelanh. 1954. (561)
- II: Fertigungstechnische Grundlagen der neuzeitlichen Metallbearbeitung. 101 S., 30 Abb., 5 Taf. 1955. (562)

Das Maschinenzeichnen mit Einführung in das Konstruieren von W. Tochtermann. 2 Bde. 4. Aufl.
- I: Das Maschinenzeichnen. 156 S., 75 Taf. 1950 (589)
- II: Ausgeführte Konstruktionsbeispiele. 130 S., 58 Taf. 1950. (590)

Die Maschinenelemente von E. A. vom Ende†. 4., überarb. Aufl. 184 S., 179 Fig., 11 Taf. 1963. (3/3a)

Die Maschinen der Eisenhüttenwerke von L. Engel. 156 S., 95 Abb. 1957. (583/583a)

Walzwerke von H. Sedlaczek†. 3., neubearb. Aufl. In Vorb. (580/580a)

Getriebelehre von P. Grodzinski†. 2 Bde. 3., neubearb. Aufl. von G. Lechner.
- I: Geometrische Grundlagen. 164 S., 131 Fig. 1960. (1061)
- II: Angewandte Getriebelehre. In Vorb. (1062)

Kinematik von H. R. Müller. 171 S., 75 Fig. 1963. (584/584a)

Gießereitechnik von H. Jungbluth. 2 Bde.
I. Eisengießerei. 126 S., 44 Abb. 1951. (1159)

Die Dampfkessel einschließlich Feuerungen und Hilfseinrichtungen. Physikalische und chemische Grundlagen, Berechnung und Konstruktion, Vorschriften und Beispiele von W. Marcard. 3., neubearb. Aufl. von G. Beyer 2 Bde.
I: Physikalische und chemische Grundlagen, Wärmelehre, Wärmeübertragung, Verbrennung. 133 S., 35 Bild., 26 Tab. 1964. (9/9a)
II: Berechnung und Konstruktion. Dampfkessel, Hilfseinrichtungen. Feuerungen, Berechnung. 108 S., 45 Bild. 1966. (521/521a)

Die Dampfturbinen. Ihre Wirkungsweise, Berechnung und Konstruktion von C. Zietemann. 3 Bde.
I: Theorie der Dampfturbinen. 4. Aufl. 139 S., 48 Abb. In Vorb. (274)
II: Die Berechnung der Dampfturbinen und die Konstruktion der Einzelteile. 4., verb. Aufl. 132 S. 111 Abb. In Vorb. (715)
III: Die Regelung der Dampfturbinen. die Bauarten, Turbinen für Sonderzwecke, Kondensationsanlagen. 3., verb. Aufl. 126 S., 90 Abb. 1956. (716)

Verbrennungsmotoren von W. Endres. 3 Bde.
I: Überblick. Motor-Brennstoffe, Verbrennung im Motor allgemein, im Otto- und Diesel-Motor. 2. Aufl. In Vorb. (1076/1076a)
II: Gaswechselvorgang. Aufladen, Leistung, mittl. Druck, Reibung, Wirkungsgrade und Kraftstoffverbrauch. 152 S., 62 Abb. 1966. (1184/1184a)
III: Die Einzelteile des Verbrennungsmotors. In Vorb. (1185/1185a)

Autogenes Schweißen und Schneiden von H. Niese. 5. Aufl., neubearb. von A. Küchler. 136 S., 71 Fig. 1953. (499)

Die elektrischen Schweißverfahren von H. Niese. 2. Aufl., neubearb. von H. Dienst. 136 S., 58 Abb. 1955. (1020)

Die Hebezeuge. Entwurf von Winden und Kranen von G. Tafel. 2., verb. Aufl. 176 S., 230 Fig. 1954. (414/414a)

Vermessungswesen

Vermessungskunde von W. Großmann. 3 Bde.
I: Stückvermessung und Nivellieren. 12., verb. Aufl. 156 S., 122 Fig. 1965., (468)
II: Horizontalaufnahmen und ebene Rechnungen. 10., verb. Aufl. 149 S., 101 Fig. 1967. (469/469a)
III: Trigonometrische und barometrische Höhenmessung. Tachymetrie und Absteckungen. 8., verb. Aufl. 140 S., 102 Fig. 1965. (862)

Kartographie von V. Heissler. 2. Aufl. 213 S., 125 Abb., 8 Anl. 1966. (30/30a)

Photogrammetrie von G. Lehmann. 2., neubearb. Aufl. 205 S., 135 Abb. 1966. (1188/1188a)

Wasserbau

Wasserkraftanlagen von A. Ludin unt. Mitarb. von W. Borkenstein. 2 Bde.
I: Planung, Grundlagen und Grundzüge. 124 S., 60 Abb. 1955. (665)
II: Anordnung und Ausbildung der Hauptbauwerke. 184 S., 91 Abb. 1958. (666/666a)

Verkehrswasserbau von H. Dehnert. 3 Bde.
I: Entwurfsgrundlagen, Flußregelungen 103 S., 53 Abb. 1950. (585)
II: Flußkanalisierung und Schiffahrtskanäle. 94 S., 60 Abb. 1950. (597)
III: Schleusen und Hebewerke. 98 S., 70 Abb. 1950 (1152)

Wehr- und Stauanlagen von H. Dehnert. 134 S., 90 Abb. 1952. (965)

Talsperren von F. Tölke. 122 S., 70 Abb. 1953. (1044)

Hoch- und Tiefbau

Die wichtigsten Baustoffe des Hoch- und Tiefbaus von O. Graf†. 4., verb. Aufl. 131 S., 63 Abb. 1953. (984)

Baustoffverarbeitung und Baustellenprüfung des Betons von A. Kleinlogel. 2., neubearb. u. erw. Aufl. 126 S., 35 Abb. 1951. (978)

Festigkeitslehre. 2 Bde.
I: Elastizität, Plastizität und Festigkeit der Baustoffe und Bauteile von W. Gehler† u. W. Herberg. Durchges. u. erw. Neudr. 159 S., 118 Abb. 1952. (1144)
II: Formänderung, Platten, Stabilität und Bruchhypothesen von W. Herberg und N. Dimitrov. 187 S., 94 Abb. 1955. (1145/1145a)

Grundlagen des Stahlbetonbaues von A. Troche. 2., neubearb. u. erw. Aufl. 208 S., 75 Abb., 17 Bemessungstaf., 20 Rechenbeisp. 1953. (1078)

Statik der Baukonstruktionen von A. Teichmann 3 Bde.
I: Grundlagen. 101 S., 51 Abb., 8 Formeltaf. 1956. (119)
II: Statisch bestimmte Stabwerke. 107 S., 52 Abb., 7 Taf. 1957 (120)
III: Statisch unbestimmte Systeme. 112 S., 34 Abb., 7 Formeltaf. 1958. (122)

Fenster, Türen, Tore aus Holz und Metall. Eine Anleitung zu ihrer guten Gestaltung, wirtschaftlichen Bemessung und handwerksgerechten Konstruktion von W. Wickop†. 5. Aufl. In Vorb. (1092)

Heizung und Lüftung von W. Körting. 2 Bde., neubearb. Aufl.
I: Das Wesen und die Berechnung der Heizungs- und Lüftungsanlagen. 171 S., 29 Abb., 36 Zahlentaf. 1962. (342/342a)
II: Die Ausführung der Heizungs- und Lüftungsanlagen. In Vorb. (343)

Industrielle Kraft- und Wärmewirtschaft von F. A. F. Schmidt u. A. Beckers. 167 S., 73 Abb. 1957. (318/318a)

Sammlung Göschen / Bandnummernfolge

1 Langosch, Der Nibelunge Nôt
3/3a v. Ende, Maschinenelemente
9/9a Marcard-Beyer, Dampfkessel I
10 Jiriczek-Wisniewski, Kudrun und Dietrich-Epen
13/13a Lotze, Geologie
18 Maurer, Hartmann von Aue, Der arme Heinrich
19 Altheim, Römische Geschichte I
20 Hofstaetter, Dt. Sprachlehre
22 Maurer, Gottfried von Strassburg
29/29a Brauns-Chudoba, Allgemeine Mineralogie
30/30a Heissler, Kartographie
31/31a Brauns-Chudoba, Spezielle Mineralogie
32 Schneider-Wisniewski, Deutsche Heldensage
35 Treue, Dt. Geschichte von 1648 bis 1740
37/37a Klemm, Anorgan. Chemie
38/38a Schlenk, Organische Chemie
39 Treue, Dt. Geschichte von 1713 bis 1806
42 Behn-Hoernes, Vorgeschichte Europas
44 Kresze, Physikal. Meth. in der Organ. Chemie I
45/45a Kresze, Physikal. Meth. in der Organ. Chemie II
47 Fischer-Rohrbach, Arithmetik
51/51a Ringleb, Mathem. Formelsammlung
52 Bieler, Röm. Literaturgesch. I
59 Krahe, Indogerm. Sprachwiss. I
60 Biehle, Stimmkunde
61 Biehle, Redetechnik
64 Krahe, Indogerm. Sprachwiss. II
65/65a Grotemeyer, Analyt. Geometrie
66 Berneker-Vasmer, Russische Grammatik
70 Nestle-Liebich, Gesch. d. griechischen Literatur I
71 Schulze, Allgemeine und physikalische Chemie I
76 Döring, Einf. i. d. th. Physik I
77/77a Döring, Einf. i. d. th. Physik II
78 Döring, Einf. i. d. th. Physik III
79/79a Hempel, Got. Elementarbuch
80 Weigert, Stilkunde I
81 Schubert-Haussner-Erlebach, Vierstell. Logarithmentafeln
86 Barner, Differential- u. Integralrechnung I
96 Hartmann, Einf. in die allgem. Biologie
99 Hessenberg-Kneser, Ebene und sphär. Trigonometrie
101/101a Wiese, Soziologie
103 Dahrendorf, Industrie- und Betriebssoziologie
104/104a Hofstätter, Sozialpsychologie
111/111a Hoffmann-Debrunner-Scherer, Gesch. d. griechischen Sprache I
114/114a Debrunner-Scherer, Gesch. der griechischen Sprache II
117 Brandenstein, Griechische Sprachwissenschaft I
118/118a Brandenstein, Griechische Sprachwissenschaft II
119 Teichmann, Statik der Baukonstruktionen I
120 Teichmann, Statik der Baukonstruktionen II
122 Teichmann, Statik der Baukonstruktionen III

442 Hannemann, Schwämme und Hohltiere
443 Gruner-Deckert, Krebse
444 Reichenow, Einzeller
445 Asmus, Physikal.-chem. Rechenaufgaben
447/447 a Herter, Kriechtiere
448 Fechter, Manteltiere
452/452 a Bahrdt-Scheer, Stöchiometr. Aufgabenslg.
468 Großmann, Vermessungskunde I
469/469 a Großmann, Vermessungskunde II
476 Thum-Meysenbug, Werkstoffe des Maschinenbaues I
483 Henglein, Lötrohrprobierkunde
492/492 a Stolz-Debrunner-Schmid, Geschichte der lateinischen Sprache
499 Niese-Küchler, Autogenes Schweißen
500 Simmel, Hauptprobleme der Philosophie
521/521 a Marcard-Beyer, Dampfkessel II
536 Lehmann, Kant
538 Rumpf, Archäologie I
539 Rumpf, Archäologie II
540 Rumpf, Archäologie III
557 Nestle-Liebich, Gesch. der griech. Literatur II
561 Matthes, Werkzeugmaschinen I
562 Matthes, Werkzeugmaschinen II
564 Behn-Hoernes, Kultur der Urzeit I
565 Behn-Hoernes, Kultur d. Urzeit II
566 Behn-Hoernes, Kultur d. Urzeit III
571 Lehmann, Philosophie des 19. Jahrhunderts I
576/576 a Moser, Gesangskunst
579 Müller-Schulze, Techn. Tabellen
580/580 a Sedlaczek, Walzwerke
583/583 a Engel, Maschinen der Eisenhüttenwerke
584/584 a Müller, Kinematik
585 Dehnert, Verkehrswasserbau I
587 Kalitsunakis-Steinmetz, Neugriech.-dt. Gesprächsbuch
589 Tochtermann, Maschinenzeichnen I
590 Tochtermann, Maschinenzeichnen II
594 Lengerken, Insekten
597 Dehnert, Verkehrswasserbau II
601 Mutschmann-Scherer, Engl. Phonetik
608/608 a/608 b Erman-Krückmann, Hieroglyphen
619/619 a Buchwald, Kristalloptik
665 Ludin-Borkenstein, Wasserkraftanlagen I
666/666 a Ludin-Borkenstein, Wasserkraftanlagen II
668 Knopp, Funktionentheorie I
677 Altheim, Röm. Geschichte II
679 Altheim, Röm. Geschichte III
684 Altheim, Röm. Geschichte IV
691 Fauser, Kulturtechn. Bodenverbesserungen I
692 Fauser, Kulturtechn. Bodenverbesserungen II
698/698 a Schulze, Allgemeine u. physikalische Chemie II
703 Knopp, Funktionentheorie II
708/708 a/708 b Meissner-Oberhuber, Keilschrift
709 Lehmann, Philosophie des 19. Jahrhunderts II
711/711 a/711 b Kesselring, Berechnung der Schaltgeräte
714/714 a zur Megede, Technik selbsttätiger Regelungen
715 Zietemann, Dampfturbinen II
716 Zietemann, Dampfturbinen III
718 Neger-Münch-Huber, Laubhölzer
728/728 a Pirani-Fischer-Runge, Graph. Darstellung in Wissenschaft u. Technik
735 Ekwall, Historische neuengl. Laut- und Formenlehre
746/746 a Pfanzagl, Allg. Methodenlehre der Statistik I
747/747 a Pfanzagl, Allg. Methodenlehre der Statistik II
756/756 a Kalitsunakis, Gramm. d. Neugriech. Volksspr.
763/763 a/763 b Meyer, Hebräische Grammatik I
764/764 a/764 b Meyer, Hebräische Grammatik II
765/765 a/765 b Meyer, Hebräische Grammatik III
768/768 a Bieberbach, Einführung in die konforme Abbildung

769/769a Beer-Meyer, Hebräisches Textbuch
770 Schlingloff, Religion des Buddhismus II
776/776a Kolms, Finanzwissenschaft III
780 Krahe, German. Sprachwiss. II
781 Weigert, Stilkunde II
782/782a Kolms, Finanzwissenschaft IV
786 Schulze, Molekülbau
796/796a Meiners-Wiesenewsky, Elektr. Höchstspannungs-Schaltanlagen
809 Moser, Harmonielehre I
810 Moser, Harmonielehre II
826 Koch, Philosophie d. Mittelalters
827/827a/827b Meyer, Elektromotorische Antriebe
831 Erismann, Allg. Psychologie I
832/832a Erismann, Allg. Psychologie II
833 Erismann, Allg. Psychologie III
834/834a Erismann, Allg. Psychologie IV
837/837a Baumgartner, Gruppentheorie
845 Lehmann, Philosophie im ersten Drittel des 20. Jhs. I
847 Herter, Lurche
850 Lehmann, Philosophie im ersten Drittel des 20. Jhs. II
851/851a Moede, Psychologie des Berufs- und Wirtschaftslebens
857 Capelle, Griech. Philosophie I
858 Capelle, Griech. Philos. II
859 Capelle, Griech. Philos. III
862 Großmann, Vermessungskunde III
863 Capelle, Griech. Philos. IV
866 Bieler, Röm. Literaturgeschichte II
869 Freye, Vögel
875 Hofmann, Geschichte der Mathematik II
877 Knopp, Aufgabensammlung zur Funktionentheorie I
878 Knopp, Aufgabensammlung zur Funktionentheorie II
881 Humburg, Gleichstrommaschine II
882 Hofmann, Geschichte der Mathematik III
883 Stuloff, Mathematik der neuesten Zeit
893 Treue, Dt. Geschichte von 1806 bis 1890
894 Treue, Dt. Geschichte von 1890 bis zur Gegenwart
896/896a Pokorny, Altirische Gramm.
902 Müller, Dynamik I
903 Müller, Dynamik II
910 Jaeger, Afrika I
911 Jaeger, Afrika II
915 Sperber-Polenz, Gesch. der Deutschen Sprache
917/917a Böhm, Versicherungsmathematik II
920/920a Hoheisel, Gewöhnliche Differentialgleichungen
921 Jantzen-Kolb, W. v. Eschenbach, Parzival
924/924a Brandenstein, Griechische Sprachwissenschaft III
929 Schirmer-Mitzka, Dt. Wortkunde
930 Krull, Elementare und klassische Algebra I
931 Hasse, Höhere Algebra I
932 Hasse, Höhere Algebra II
933 Krull, Elementare und klassische Algebra II
936 Thum-Meysenbug, Werkstoffe d. Maschinenbaues II
942/942a Damerau, Polnische Grammatik
952/952a Schäfer, Transformatoren
953 Zipperer, Techn. Schwingungslehre I
961/961a Zipperer, Techn. Schwingungslehre II
965 Dehnert, Wehr- und Stauanlagen
970/970a Baldus-Löbell, Nichteuklidische Geometrie
972/972a Herter-Urich, Vergleichende Physiologie der Tiere I
973/973a Herter-Birukow, Vergleichende Physiologie der Tiere II
978 Kleinlogel, Baustoffverarbeitung und Baustellenprüfung d. Betons
984 Graf, Baustoffe des Hoch- und Tiefbaus
999/999a Kamke, Mengenlehre
1000 Jaspers, Geistige Situat. der Zeit

1003 Hoheisel, Partielle Differentialgleichungen
1008/1008a Mellerowicz, Allgem. Betriebswirtschaftslehre I
1009 Bechert-Gerthsen-Flammersfeld, Atomphysik I
1014/1014a Huttenlocher-Ramdohr, Mineral- und Erzlagerstättenkunde I
1015/1015a Huttenlocher-Ramdohr, Mineral- und Erzlagerstättenkunde II
1017 Döring, Einf. i. d. th. Physik V
1020 Niese-Dienst, Elektrische Schweißverfahren
1031/1031a Apel-Ludz, Philosophisches Wörterbuch
1033 Bechert-Gerthsen-Flammersfeld, Atomphysik II
1034 Kranefeldt-Jung, Therapeutische Psychologie
1035 Altheim, Röm. Religionsgeschichte I
1039/1039a Dovifat, Zeitungslehre I
1040/1040a Dovifat, Zeitungslehre II
1044 Tölke, Talsperren
1045 Schubert, Technik des Klavierspiels
1051/1051a Stolberg-Wernigerode, Gesch. d. Vereinigten Staaten
1052 Altheim, Röm. Religionsgeschichte II
1059/1059a Hoheisel, Aufgabensig. z. d. gew. u. part. Differentialgleichungen
1061 Grodzinski-Lechner, Getriebelehre I
1062 Grodzinski-Lechner, Getriebelehre II
1065 Haller-Dannenbauer, Von d. Karolingern zu den Staufern
1070 Sauter, Differentialgleichungen der Physik
1074 Koschmieder, Variationsrechnung I
1075 Koschmieder, Variationsrechnung II
1076/1076a Endres, Verbrennungsmotoren I
1077 Haller-Dannenbauer, Von den Staufern zu den Habsburgern
1078 Troche, Stahlbetonbau
1082 Hasse-Klobe, Aufgabensammlung zur höheren Algebra
1084/1084a Grigull, Techn. Thermodynamik
1085 Lietzmann-Aland, Zeitrechnung
1086 Müller, Dt. Dichten und Denken
1088 Preller, Gesch. Englands II
1092 Wickop, Fenster, Türen, Tore
1094 Hernried, System, Modulation
1096 Viëtor, Dt. Dichten und Denken
1099 Hoheisel, Integralgleichungen
1105 Hartung, Dt. Geschichte im Zeitalter der Reformation
1108 de Boor-Wisniewski, Mittelhochdeutsche Grammatik
1109 Knopp, Elemente der Funktionentheorie
1111/1111a Naumann-Betz, Althochdt. Elementarbuch
1113/1113a Strubecker, Differentialgeometrie I
1114/1114a Schubel, Engl. Literaturgeschichte I
1115/1115a/1115b Ranke-Hofmann, Altnord Elementarbuch
1116 Schubel, Engl. Literaturgeschichte II
1117 Haller-Dannenbauer, Eintritt der Germanen in die Geschichte
1121 Naumann, Dt. Dichten u. Denken
1122 Jesch, Sprecherziehung
1123/1123a Bechert-Gerthsen-Flammersfeld, Atomphysik III
1124 Schubel, Engl. Literaturgeschichte III
1125 Lehnert, Altengl. Elementarbuch
1127 Hartmann, Geschlecht u. Geschlechtsbestimmung im Tier- und Pflanzenreich
1128 Buchner, Symbiose d. Tiere
1130 Dibelius-Kümmel, Jesus
1131 Scholz-Schoeneberg, Einführung in die Zahlentheorie
1132 Frühauf, Überspannungen
1134 Kuckuck, Pflanzenzüchtung I
1135 Lehnert, Beowulf
1137 Heil, Entwicklungsgesch. Pflanzenreiches
1138 Hämmerling, Fortpflanzung im Tier- und Pflanzenreich
1140 Unger, Induktionsmaschinen
1141 Koller, Hormone

1142 Meissner-Lehnert, Shakespeare
1144 Gehler-Herberg, Festigkeitslehre I
1145/1145 a Herberg-Dimitrov, Festigkeitslehre II
1146 Putz, Synchronmaschine
1147 Waltershausen, Kunst d. Dirigierens
1148 Pepping, Der polyphone Satz I
1152 Dehnert, Verkehrswasserbau III
1153/1153 a Mellerowicz, Allgem. Betriebswirtschaftslehre II
1154/1154 a Mellerowicz, Allgem. Betriebswirtschaftslehre III
1155 Schwartz, Mikrobiologie I
1156/1156 a Meinke, Komplexe Berechnungen v. Wechselstromschaltungen
1157 Schwartz, Mikrobiologie II
1158/1158 a Mayrhofer, Sanskrit-Grammatik
1159 Jungbluth, Gießereitechnik I
1160 Dibelius-Kümmel, Paulus
1161 Kaestner, Spinnentiere
1162 Seidel Entwicklungsphysiologie der Tiere I
1163 Seidel, Entwicklungsphysiologie der Tiere II
1164/1164 a Pepping, Der polyphone Satz II
1165/1165 a Bechert-Gerthsen-Flammersfeld, Atomphysik IV
Paulsen, Allgemeine Volkswirtschaftslehre I
1170 Paulsen, Allgemeine Volkswirtschaftslehre II
1171/1171 a Paulsen, Allgemeine Volkswirtschaftslehre III
1172 Paulsen, Allgemeine Volkswirtschaftslehre IV
1173/1173 a Hamann-Funke-Nollen, Chemie der Kunststoffe
1176/1176 a Lorenzen, Form. Logik
1177/1177 a Redeker, Schleiermacher
1178/1178 a Kuckuck, Pflanzenzüchtung II
1179/1179 a Strubecker, Differentialgeometrie II
1180/1180 a Strubecker, Differentialgeometrie III
1181 Franz, Topologie I
1182/1182 a Franz, Topologie II
1183/1183 a Nicolas, Finanzmathematik
1184/1184 a Endres, Verbrennungsmotoren II
1185/1185 a Endres, Verbrennungsmotoren III
1186/1186 a Mellerowicz, Allgem. Betriebswirtschaftslehre IV
1187 Lau, Luther
1188/1188 a Lehmann, Photogrammetrie
1189/1189 a Päsler, Mechanik
1190 Stupperich, Melanchthon
1191/1191 a Bräuer, Slav. Sprachwissenschaft I
1192/1192 a Bräuer, Slav. Sprachwissenschaft II
1193 Fürstenberg, Wirtschaftssoziologie
1194/1194 a Wendt, Gesch. d. Volkswirtschaftslehre
1195 Ohm, Allgem. Volkswirtschaftspolitik I
1196/1196 a Ohm, Allgem. Volkswirtschaftspolitik II
1197/1197 a Onasch, Konfessionskunde der orthod. Kirchen
1198 Engel, Straßenverkehrstechnik
1199 Lausberg, Romanische Sprachwissenschaft III, 1. Teil
1200/1200 a Lausberg, Romanische Sprachwissenschaft III, 2. Teil
1201/1201 a Dehn, Versuche zur allgem. u. phys. Chemie
1202/1202 a Nagel, Gesch. des christl. Gottesdienstes
1203 Wendland, Sozialethik
1204 Scheurig, Zeitgeschichte
1205/1205 a Hofmann, Ideengeschichte d. soz. Bewegung
1206/1206 a Langen, Lineare Programmierung
1208 Lausberg, Romanische Sprachwissenschaft IV
1209/1209 a Bock, Therm. Verfahrenstechnik I
1210/1210 a Bock, Therm. Verfahrenstechnik II
1211/1211 a Bock, Therm. Verfahrenstechnik III
1212/1212 a Hilf, Arbeitswissenschaft
1213/1213 a Kosiol, Buchhaltung und Bilanz

1216/1216a Bauer, Wahrscheinlichkeitstheorie I
1217 Bauer, Wahrscheinlichkeitstheorie II
1218/1218a/1218b Meid, German. Sprachwiss. III
1219 Schmidt-Clausing, Zwingli
1220/1220a Zemann, Kristallchemie
1221 Gerdes, Kierkegaard
1222/1222a Tschižewskij, Slav. Literaturen I
1223/1223a Tschižewskij, Slav. Literaturen II
1224/1224a/1224b Wedepohl, Geochemie
1225/1225a Schneider-Jurksch, Datenverarbeitungsanlagen
1226/1226a/1226b Weinstock, Mittelengl. Elementarbuch
1227/1227a Wedig, Übungsaufgaben zu A. Paulsen, Allgem. Volkswirtschaftslehre I/II

Autorenregister

FSC
www.fsc.org
MIX
Papier | Fördert gute Waldnutzung
FSC® C083411

Kolibri 360 GmbH
Ferdinand-Jühlke-Straße 7
99095 Erfurt, Deutschland
produktsicherheit@kolibri360.de